Karl Ruß

Der Graupapagei

Verone

Karl Ruß

Der Graupapagei

1st Edition | ISBN: 978-9-92500-025-8

Place of Publication: Nikosia, Cyprus

Erscheinungsjahr: 2015

TP Verone Publishing House Ltd.

Beschreibung des Graupapageis.

Der Graupapagei.

Seine

Naturgeschichte, Pflege und Abrichtung.

Von

[Unterschrift]

Mit einem Aquarelldruck und 3 Holzschnitten im Text.

Vorwort.

Es hat lange gedauert, bevor es mir möglich geworden, dies kleinere Werk, das nur den Grau=papagei behandelt, zu vollenden und den Liebhabern zugänglich zu machen. Die rastlose Arbeit an dem letzten Bande meines größern Werks „Die fremd=ländischen Stubenvögel" II (Weichfutterfresser, Frucht= und Fleischfresser mit Anhang Tauben= und Hühner=vögel) und viele andere dringende Arbeiten haben mich bis zum heutigen Tage so sehr in Anspruch genommen, daß ich immer noch nicht zur Vollendung dieser längst geplanten kleineren Ausgaben meiner Papageienbücher gelangen konnte.

Jetzt ist mein Sohn, Karl Ruß, der mir in der Leitung der „Gefiederten Welt" seit Jahren schon zur Seite steht, auch hier zur Hilfe eingetreten und hat namentlich den ganzen naturgeschichtlichen Theil be=arbeitet.

Ueber den Zweck dieser kleineren billigen Ausgabe wollen die Leser freundlichst in der Einleitung nach=lesen. Zu bemerken habe ich nur noch, daß wir den gesammten Stoff Graupapagei so gründlich und aus=führlich wie angängig trotz der denkbar möglichen Kürze bearbeitet haben und daß dabei, wie es meinerseits

immer geschieht, jede benutzte Quelle gewissen= und
ehrenhaft angegeben ist.

In den Mittheilungen über das Freileben der Grau=
papageien in der Heimat haben wir, ganz ebenso wie
in meinem größern Buch „Die sprechenden Papageien",
zunächst das hervorragendste Werk auf diesem Gebiet,
„Die Papageien" von Dr. Otto Finsch zurathe
gezogen und dann namentlich die Schilderung, welche
Professor Dr. A. Reichenow i. J. 1874 in meiner
Zeitschrift „Die gefiederte Welt" gegeben hatte und
die dann in allen einschlägigen Darstellungen als
Quelle benutzt worden. Angaben über die Lebensweise
des Graupapagei habe ich auch aus dem Werk von
Th. von Heuglin, „Die Vögel Nordostafrikas", ent=
nommen. In Bezug auf die Haltung des Graupapagei
als Stubenvogel, seine Verpflegung, Abrichtung u. a.
m. habe ich auf meine eigenen langjährigen reichen
Erfahrungen und auch auf die aller anderen bewährten
Vogelwirthe, wie sie im Lauf eines Vierteljahrhunderts
in der Zeitschrift „Die gefiederte Welt" mitgetheilt
worden, gebaut. Neue, stichhaltig erscheinende Er=
fahrungen, welche seit dem Erscheinen der zweiten
Auflage meines Buchs „Die sprechenden Papageien",
die doch alles bis dahin Veröffentlichte, für den Vogel=
wirth Wissenswerthe enthält, noch hinzugekommen sind,
haben wir in dies kleine Buch eingefügt, sodaß es
durchaus auf der Grundlage unsres jetzigen Wissens
steht. Das Buch von C. R. Hennicke „Der Grau=

papagei in Freileben und Gefangenſchaft" habe ich
nur hinſichtlich einiger Angaben über das Freileben,
die der Verfaſſer nach eigner Wahrnehmung in Afrika
gebracht hat, benußt. Eine Beobachtung von Pechuel=
Löſche, die ich aufgenommen habe, findet ſich in der
neuen Auflage von „Brehms Thierleben".

Berlin, im Frühjahr 1896.

Dr. Karl Ruß.

Inhalt.

Allgemeines.

In jedem Jahr, vornehmlich gegen den Spät=
herbst hin und dann auch wiederum zum nahenden
Frühling, kommen zahlreiche Leute zu mir mit kranken
Papageien. Die dann eintretenden Witterungswechsel
und =übergänge verursachen viel mehr Erkrankungen
und Leiden bei solchen werthvollen Vögeln, als sie
jede andere Jahreszeit mit sich bringt. Dies ist sehr
betrübend, zumal nicht selten die Hilfe dann schon
zu spät kommt. Aber bei vielmaliger Wiederholung
dieser regelmäßigen alljährlichen Erscheinung habe
ich auch die außerordentlich erfreuende Erfahrung
gemacht, daß die großen sprechenden Papageien, vor=
nehmlich der Jako oder Graupapagei und die Grün=
papageien oder Amazonen, allenthalben beiweitem
häufiger gehalten werden und viel mehr verbreitet
sind, als man im allgemeinen anzunehmen pflegt.
Ich kann behaupten, daß in vielen, besonders größeren
Städten und vor allem in Berlin heutzutage in
überaus vielen Familien ein solcher gefiederter Haus=
freund vorhanden ist.

Bedauerlicherweise gibt es aber auch nicht wenige
Fälle, in denen ein großer Papagei ganz und gar
nicht an seiner Stelle ist. Nothgedrungen muß ich
einige solche in Beispielen erwähnen. Auf unseren

großen Vogelausstellungen werden regelmäßig zahlreiche Papageien gekauft, zum Theil auch bei der
Lotterie gewonnen oder als Geschenke gegeben und
empfangen. Von diesen Vögeln geht eine nicht geringe
Anzahl leider in trübseliger Weise zugrunde. Zunächst
sind die Besitzer der Papageien vielfach Anfänger in
der Liebhaberei, so junge Ehepärchen, die sich gegenseitig beschenken oder ein einzelnes Fräulein, das in
rastloser Arbeit sein leiblich gutes Brod erwirbt und
nun auch etwas für ihr Herz haben will, einen
Gesellschafter und Freund — und sei er auch nur
ein Vogel. Andere junge Damen werden im ähnlichen
Fall mit einem Papagei beschenkt. Wenn es sodann
in vielen, ja in den beiweitem meisten dieser Fälle
dem derartigen Stubenvogel leider schlecht ergeht, so
liegt dies doch weder an Nachlässigkeit oder gar an
bösem Willen, sondern fast regelmäßig im Mangel an
ausreichender Kenntniß begründet. Die jungen Leute
haben meistens nicht die Zeit dazu, in einem größern
entsprechenden Buch nachzulesen oder sie scheuen sich
auch, den Betrag für die Beschaffung einer solchen
Belehrungsquelle auszugeben; kurz und gut, sie folgen
lieber den ersten besten Rathschlägen, die irgend ein
guter Bekannter gibt, ja sie handeln wol gar nach
ihrem eignen Gutdünken. Erst im letzten Augenblick,
wenn, wie man zu sagen pflegt, dem armen Vogel
der Tod schon auf der Zunge sitzt, kommen sie förmlich
verzweiflungsvoll herbeigelaufen, um noch Hilfe zu

suchen. Dann aber folgt eine gar harte Strafe:
denn der Tod eines solchen Vogels führt wirklich
etwas Menschlich-Rührendes, Tiefschmerzliches mit
sich, sodaß sein Verlust, ganz abgesehen von dem
Kaufpreis, der doch meistens auch nicht gering ist,
für lange Zeit die Quelle von schwerem Herzeleid
wird. Angesichts dessen finden wir es wol erklärlich,
daß es zahlreiche Menschen gibt, die sich nie wieder
dazu entschließen können, den so verlorenen Papagei
zu ersetzen. Somit ist also der vorzeitige Verlust
die schlimme Ursache dessen, daß viele Leute der
herrlichen Liebhaberei für die sprachbegabten Vögel
entfremdet werden. Die vieljahrelange genaue Kenntniß
dieser Verhältnisse hatte mich schon i. J. 1882 dazu
bewogen, eine möglichst stichhaltige Belehrungsquelle
in meinem Buch „Die sprechenden Papageien"
darzubieten, und dasselbe hat dann ja auch den guten
Erfolg von zwei starken Auflagen binnen verhältniß=
mäßig kurzer Zeit erreicht. Dennoch war bisher eine
Lücke geblieben, zu deren Ausfüllung ich jetzt geschritten
bin, nämlich die eines billigen und vor allem kleinen,
also kurz gefaßten Buchs für jeden Liebhaber, der
nur einen einzigen solchen Vogel anschaffen und halten
will. Dies Büchlein „Der Graupapagei", seine
Naturgeschichte, Pflege und Abrichtung und ein gleiches
„Die Amazonenpapageien", beide zum möglichst
billigen Preise werden hoffentlich diese schöne Lieb=
haberei in die allerweitesten Kreise tragen und ihr den

eigentlichen feſten Grund geben. Beide werden im
weſentlichen Auszüge aus meinem erſtgenannten Lieb=
lingswerfe ſein, aber vor dieſem den Vortheil bieten,
daß ſie ſowol an Zeit zum Leſen als auch hinſichtlich des
Preiſes erhebliche Erſparniß gewähren, während ſie
hinter dem größern thatſächlich nicht zurückſtehen.

Nur der Freund des ſprachbegabten Vogels, der
die volle Kenntniß von ſeinem ganzen Weſen, ſeinen
Vorzügen, aber auch ſeinen Schattenſeiten hat, kann
wahre Freude und reichen Genuß an dem Thier haben,
Ärger und Verdruß vermeiden und vermag es zur
tüchtigſten Ausbildung, beſtmöglichen Abrichtung durch
vollkommenſten Unterricht zu bringen. Erſt wenn
der Vogelliebhaber alle Bedürfniſſe ſeines Pfleglings
völlig und naturgemäß zu befriedigen weiß, vermag
er ihn zum höchſten Wohlſein und Wohlergehen zu
führen und zugleich alle Schäden und Gefahren von
ihm abzuwenden.

Lediglich an der Hand einer ſtichhaltigen Be=
lehrungsquelle kann der Liebhaber feſtſtellen, ob er in
dem zu kaufenden Papagei auch wirklich einen guten,
begabten und ſchon abgerichteten Vogel bekomme oder
doch wenigſtens einen ſolchen, deſſen Haltung, ſorg=
ſamſte Verpflegung und ſachgemäße Abrichtung ſich
der Mühe verlohnen werde. Er kann weiter feſt=
ſtellen, ob ſein Vogel durchaus geſund iſt und vor=
ausſichtlich bleiben wird, wie er dazu gehalten und
behandelt werden muß, ja er kann, wenn ſolch werth=

voller Vogel einmal erkrankt wäre, durch Befolgung der gegebenen Rathschläge, durch Anwendung einfach naturgemäßer Heilmittel, ihn auch wol wieder zur Genesung führen.

Die eigentlichen Papageien [Psittacus, *L.*]

Obwol im wesentlichen nur eine Art im Handel und in der Liebhaberei unter dem Namen Graupapagei als der hervorragendste Sprecher vor uns steht, so müssen wir hier doch auch seine nächsten Verwandten berücksichtigen, und deshalb wenden wir uns zunächst dem Geschlecht Eigentlicher Papagei zu, in welchem die Graupapageien [Psittacus, *L.*] und die Schwarzpapageien [Coracopsis, *Wagl.*] vereinigt sind. Es gibt sechs Arten und zwar zwei graue und vier schwarze, die auf den ersten Blick so verschieden erscheinen und bei näherm Kennenlernen ihrer Eigenthümlichkeiten sich auch als so wenig übereinstimmend ergeben, daß der Liebhaber sie kaum als zusammengehörig betrachten möchte, während die Wissenschafter sie doch an einander reihen. Ihre gemeinsamen besonderen Kennzeichen sind: Der Schnabel ist seitlich abgerundet, mehr oder minder breit und gewölbt, mit gerundeter First, der Oberschnabel ohne Zahnausschnitt mit Feilkerben, der Unterschnabel niedriger, mit abgerundeter Dillenkante, vor der Spitze sanft ausgebuchtet; die Nasenlöcher sind groß und rund; Wachshaut, Zügel und breiter Augenkreis sind nackt; die Zunge

ist dick, glatt, mit abgestumpfter Spitze; die Flügel sind lang
und spitz, mit neun bis zwölf Armschwingen; der Schwanz ist
breit, fast gerade oder abgerundet; das Gefieder ist weich, jede
Feder breit, abgestutzt; die Füße sind stark, mit dicken Tarsen
und kräftigen, stark gekrümmten Nägeln. Sie wechseln zwischen
Dohlen= bis Krähengröße. Bei den Grauen ist der Schnabel
länger, mehr zusammengedrückt, mit längrer Spitze; der Schwanz
kurz, fast gerade, die Federn am Ende klammerförmig. Bei
den Schwarzen dagegen ist der Schnabel dick, abgerundet, so
hoch wie lang, mit wenig hervorragender kurzer Spitze; der
Schwanz ist länger und mehr abgerundet. Beide erscheinen
durch die nackten Gesichtstheile von den nächsten Verwandten
(den Amazonenpapageien aus Amerika) abweichend. Bei den
schwarzen Arten ist die schwarze Nasenhaut meistens etwas auf=
getrieben. Die Bewegungen der grauen Arten sind schwerfällig,
ihr Flug ist zwar rasch, doch ungewandt, ihr Gang auf der
Erde unbeholfen und selbst das Klettern ist ungeschickt; bei den
schwarzen Arten sind die Bewegungen etwas behender, mindestens
rascher. Die natürliche Stimme der Grauen ist schrill und
gellend, die der Schwarzen kurz und rauh, zuweilen auch flötend.
Die Sprachbegabung der ersteren ist wol die höchste unter allen
Papageien überhaupt, die der letzteren zeigt sich als gering oder
doch nur als mittelmäßig. Über das Freileben der hierher=
gehörenden Vögel ist bis jetzt recht wenig bekannt, umsomehr
ist ihr Wesen in der Gefangenschaft in jeder Hinsicht erforscht
worden.

Der rothschwänzige graue Papagei oder Graupapagei
[Psittacus erithacus, *L.*].

Grauer Papagei oder Jako, Graupapagei, roth=
schwänziger Papagei und rothschwänziger Grau=
papagei. — Grey Parrot, Coast Grey Parrot. —

Perroquet gris, Perroquet cendré, Jaco, Perroquet
à queue rouge. — Grauwe of Grijze Papegaai. —
Graa-Parkit.

Bereits seit dem Alterthum her soll dieser Papagei
bekannt sein, und wenn es auch nicht mit Sicherheit
nachgewiesen werden kann, daß ihn die alten Kultur=
völker schon besessen hatten, so sprechen doch unsere
Schriftsteller schon aus dem sechszehnten Jahrhundert
von ihm. Im Mittelalter wurde er häufig nach
Europa gebracht und seitdem hat sich die Liebhaberei
für ihn immer weiter verbreitet.

Auf den ersten Blick erscheint er, wenn auch keines=
wegs als ein besonders farbenprächtiger, so doch als
ein schöner, angenehm gefärbter Vogel. Er ist aschgrau,
an Kopf, Hals, Brust und Oberrücken jede Feder mit hellem
Saum; Flügel dunkler grau ohne helle Federnsäume, Schwingen
grauschwarz; Mittelrücken, Unterrücken und Bürzel rein grau=
weiß; Schwanz, obere und untere Schwanzdecken scharlachroth;
Brust, Bauch, Seiten und Hinterleib weißgrau; Schnabel schwarz;
Augen je nach dem Alter schwarz, grau, gelb bis weiß; Nasen=
haut, Zügel und Gegend ums Auge nackt, grauweiß; Füße
bläulich= bis weißgrau, mit schwarzen Schildchen, Krallen schwarz.
Das Gefieder ist wie bei vielen Papageien mit Federnstaub
(Puderdaunen) mehr oder weniger gefüllt. Die Größe wechselt
außerordentlich, offenbar unabhängig von Alter und Geschlecht
und wahrscheinlich je nach der Heimatsgegend; sie ist etwa die
einer starken Haustaube (Länge 36—40 cm [beim kleinsten
30—32 cm]; Flügel 19,6—23 cm; Schwanz 7—8,9 cm). —
Die Geschlechtsunterschiede sind bis jetzt mit Sicherheit noch nicht
bekannt; man hat die kleinen, helleren Papageien für Weibchen
und die großen, dunkleren mit langem Hals für Männchen

gehalten; die Neger sollen behaupten, daß die Nasenlöcher beim Männchen rund, beim Weibchen länglich seien; das einzige sichre Unterscheidungszeichen dürfte (nach Soyaur) wol nur darin liegen, daß die Beckenknochen beim Männchen dicht neben einander, beim Weibchen aber so weit von einander entfernt sind, daß das Ei hindurchgelangen kann.

Das Jugendkleid war bisher ebenfalls nicht sicher festgestellt, wenigstens hatte bis zur Neuzeit Keiner der Afrikareisenden angegeben, ob der junge Vogel bereits mit rothem Schwanz oder, wie behauptet worden, mit braunem Schwanz die Nesthöhle verlasse.

Dann i. J. 1886 gab der Marinebeamte E. v. Schneider in dieser Hinsicht ganz bestimmten Aufschluß in der „Gefiederten Welt": „Groß war mein Erstaunen, als ich die Schilfrolle, die bekanntlich beim Handel der Eingeborenen mit Graupapageien als Käfig gebräuchlich ist, öffnete und darin neben einem tadellosen Jako auch ein armes kleines Vögelchen fast noch ganz in Flaumfedern erblickte, das aber schon außer den großen Schwingen an den Flügeln auch den größten Theil der Schwanzfedern und zwar diese letzteren in voll rother Farbe zeigte. Wol ein halbes Dutzend der letzteren waren noch Pinselchen; sie steckten also noch in den Kielen und nur ein Theil der Fahnen war schon herausgebrochen, aber auch diese waren ebenso roth wie die anderen. Hier lag also der unumstößliche Beweis vor, daß die Schwanzfedern beim Graupapagei von frühster Jugend an in rother Farbe hervorkommen." Volle Bestätigung dieser Thatsache hat sodann in allerneuester Zeit der Reisende C. R. Hennicke gegeben, indem auch er junge Graupapageien, die noch Daunen trugen, mit scharlachrothem, wenn auch nicht so vollrothem, gleichsam leuchtendem Schwanz wie der bereits ausgemauserte Vogel vor sich sah. — Über die jungen Jakos, wie sie in den Handel kommen, hatte übrigens schon vor Jahren Otto Richter in Bremerhafen geschrieben, er erkenne sie am sichersten an den braunen Nestfedern, welche mit Ausnahme des Kopfs, der Schwingen, des Schwanzes und Bauchs den ganzen Körper bedecken und nach und nach den grauen, hellgerandeten weichen. Bei der Ankunft haben diese jungen Vögel meistens noch schwarze Augen, dann färben dieselben sich allmählich dunkel aschgrau, nach etwa fünf Monaten hellgrau, binnen Jahresfrist graugelb bis blaßgelb und erst nach drei bis vier Jahren maisgelb bis gelblichweiß. Der Schwanz ist hellroth, jede Feder schwach bräunlich gesäumt; er verfärbt sich allmählich zu dunklerm Roth, während die schwärzlichbraune Färbung verschwindet. Dies bestätigt wiederum Hennicke, denn auch bei den

Neſtvögeln, die er ſah, war die Iris ſo dunkelbraun, daß ſie ſich von der ſchwarzen Pupille kaum unterſcheiden ließ; erſt nach 6 bis 8 Wochen begann ſie ſich in ein immer helleres Aſchgrau zu verfärben, um nachher den ganzen Farbenwechſel von graubräunlich, orangegelb und nach etwa einem Jahr maisgelb durchzumachen, alſo wie ich dieſen Wechſel in meinen Büchern ſchon vor etwa zwei Jahrzehnten beſchrieben habe. —

Es kommen auch mancherlei Farbenſpielarten oder wol nur Farbenänderungen vor, von denen man die rothgeſcheckten, ſelbſt bis oberſeits ganz rothen, die ſchon in ihrer Heimat ſehr geſchätzt und theuer ſein ſollen, in England „King‘ oder „Kingbird‘ (Königsvogel) nennt und mit hohem Preiſe bezahlt; auch bei uns ſind ſie theurer als die gewöhnlichen grauen. Man glaubt, daß ſie größre Begabung haben, doch dürfte dies keineswegs ſicher feſtſtehen.

Die Heimat des Graupapagei erſtreckt ſich, wie aus den Berichten der Reiſenden hervorgeht, über Weſt- und Innerafrika, innerhalb des Gebiets zwiſchen Senegambien und Benguela, öſtlich bis zum Nil, zum Viktoria- und Tanganyikaſee, nördlich bis zum Tſadſee und ſüdlich vielleicht bis zur Mitte des jetzigen Kongoſtaates; in dieſer Gegend iſt die Grenze ſeiner Verbreitung noch nicht feſtgeſtellt. Er lebt in dieſem weiten Gebiet in den dichten Mangrove- u. a. Waldungen des unzugänglichen Schwemmlandes und an der Küſte, den Ufern großer Flüſſe, überall, wo hohe und dicke Bäume ſtehen, die mit Schlingpflanzen ſo dicht bedeckt ſind, daß der Reiſende ſich nur mit großer Mühe einen Weg hindurch bahnen kann. Hier finden die Papageien unter dem dichten Laubdach Ruheplätze, wenn ſie von ihren Ausflügen zur Futterſuche heimkehren. Ihre Nahrung beſteht in Palmnüſſen, Bananen

und anderen großen und kleinen Baumfrüchten, doch
suchen sie mit Vorliebe die Maisfelder der Neger auf
und richten beträchtlichen Schaden an, verwüsten auch,
wie alle Papageien, mehr als sie verzehren; halbreifer
Mais soll ihre Lieblingsnahrung bilden. Mit Aus=
nahme der Brutzeit, in der sie paarweise leben, sind
sie stets in größeren und kleineren Flügen zu sehen,
die gemeinsam auf die Nahrungssuche gehen. Früh
morgens erheben sich die einzelnen Schwärme unter
gewaltigem Geschrei und ziehen nach verschiedenen
Richtungen ab; gegen Sonnenuntergang vereinigen
sie sich wieder im Walde und übernachten zu Hunderten
nahe bei einander. Bei diesen Streifzügen ziehen sie
stets auf bestimmten Zugstraßen, doch ändern sie
dieselben bald, wenn sie merken, daß der Jäger ihnen
auflauert. Der Flug der Graupapageien, der meist
in beträchtlicher Höhe geht, soll kein gewandter sein.
„Mit ganz kurzen, schnellen Flügelschlägen,“ sagt A. Reichenow,
„streben sie in gerader Richtung ihrem Ziel zu; es sieht fast
aus, als ängstigten sie sich und fürchteten, jeden Augenblick
herabzufallen. Als wir zum ersten Mal fliegende Papageien
in der Ferne sahen, hielten wir sie für Enten; ihnen gleichen
sie im Fliegen. Ein Schuß bringt sie völlig außer Fassung.
Sie stürzen dann wol hernieder, sich fast überschlagend. Arges
Krächzen verrät ihre Angst, welche sie auch beim Erscheinen
eines größern Raubvogels zeigen.“ Hennicke bemerkt dazu:
„Der Graupapagei fliegt ähnlich wie die Enten, nur daß
seine Flügelschläge noch viel kürzer und schneller sind. Daneben
habe ich ihn aber auch in der Luft gewissermaßen „rütteln“
sehen, ähnlich wie den Thurmfalken. Doch befand sich der

Körper dabei in fast senkrechter Haltung, während die Flügel in „zitternder" Bewegung mit großer Schnelligkeit die Luft von hinten oben nach vorn unten schlugen."

Die Brutzeit der Graupapageien fällt in die Regenmonate. Sie nisten in tiefen Baumhöhlungen oder Astlöchern, die sie mit dem Schnabel erweitern. Sie nisten insofern gesellig, als in einem gewissen Umkreis sich oft einige hundert Pärchen angesiedelt haben, doch befindet sich in jedem Baum stets nur ein Nest. Das Gelege besteht aus vier bis fünf rein= weißen Eiern. „Während der eine brütet," sagt Keulemans, „füttert ihn der andre, doch lösen sie einander auch ab und versorgen ebenso gemeinsam die Jungen. Die letzteren sind mit langem Flaum bedeckt, das Nestkleid ist dunkler, die Iris grau. Sie verlassen das Nest, wenn sie ungefähr vier Wochen alt sind, aber dann sitzen sie noch eine Zeitlang vor der Höhle, bevor sie fliegen können. Sie wachsen schnell und die Federn werden allmählich hell. Wenn sie zwei Monate alt sind, beginnt die erste Mauser, die mehr als fünf Wochen dauert und nach der das Gefieder dem der Alten bereits ähnlich ist, obwol die Säume der Federn nicht so fahl und Wangen und Stirn nicht so weiß sind. Das Auge wechselt langsam, denn die Iris bleibt mehr als sieben Monate hindurch dunkel. Wenn die Federn naß sind, erscheinen sie dunkelbläulichschgrau mit purpurrotem Glanz. Sobald die Brut angegriffen wird, wissen die Alten sie gut zu vertheidigen, und bei Kämpfen mit Raubvögeln oder anderen Raubthieren gehen sie immer gemeinschaftlich gegen den Feind vor." Außerhalb der Brutzeit, d. h. wenn es sich eben nicht gerade um die Vertheidigung der Eier und Jungen handelt, zeigen die Graupapageien vor Raub= vögeln große Furcht.

So erscheint uns das Bild des Graupapagei in seinem Freileben nach den Berichten der Reisenden Th. von Heuglin, Ussher, Keulemans, Dohrn, Reichenow u. A. (namentlich des Letztern). Es ist auf diesem Gebiet übrigens noch sehr viel zu erforschen.

Fang und Einfuhr. Die Eingeborenen stellen dem Graupapagei des Fleisches wegen wenig nach, da die Europäer hohe Preise für lebende Vögel zahlen. Das Fleisch gelegentlich erlegter Jakos dünkt übrigens dem Neger ein Leckerbissen, während es der verwöhnte Gaumen der Europäer in der Regel zu zähe findet und höchstens die Brühe daraus als schmackhaft gelten läßt. Dagegen wird der Jako hier und da in größerer Anzahl seiner rothen Schwanzfedern wegen erlegt, die zu kriegerischem Kopfputz u. a. Schmuck, nach anderen Angaben selbst als Zaubermittel verwendet werden. Der Fang der Graupapageien zum Verkauf an Europäer wird seit vielen Jahrzehnten eifrigst betrieben. Übereinstimmend berichten die Reisenden, daß sie überall, wo sie mit den Eingeborenen in Berührung kamen, den Jako in deren Besitz lebend vorfanden. Natürlich halten die Neger die Papageien nicht etwa aus eigner Liebhaberei, sondern eben nur des vortheilhaften Verkaufs wegen.

In der Regel werden die Graupapageien nicht alt gefangen, denn die Neger sind zu solchem Fang zu ungeschickt und die Vögel zu vorsichtig. Ebensowenig rauben jene die Jungen aus den Nestern, denn die Alten vertheidigen ihre Brut wacker und die Neger fürchten sich vor deren Schnabelhieben. Über die Art

und Weise, wie sich die Neger der jungen Brut
bemächtigen, lauten die Angaben der Reisenden ver=
schieden. Am wahrscheinlichsten und wol für die meisten
Gegenden zutreffend ist der Bericht von Pechuel=
Loesche: „Sind die Jungen flügge und haben sie sich bereits
umherkletternd vor dem Nest gezeigt, so besteigt der Neger nach
eingebrochener Dunkelheit den erkundeten Baum, hält einen Sack
oder ein Netz vor die Öffnung der Bruthöhle und klopft mit
einem Knüppel an den Stamm. Sofort fährt die ganze erschreckte
Familie heraus und in den Sack. Am nächsten Morgen wird
dieser geöffnet; die Alten läßt man davonfliegen, da sie leider
niemals zahm werden, die Jungen, drei bis fünf Stück, zieht man
auf. Es ist sehr zu bedauern, daß die alten Jakos nicht zu
zähmen sind, denn die in der Wildniß aufgewachsenen Vögel sind
ausnahmslos viel schöner und stattlicher als alle vom Menschen
aufgezogenen Nestlinge." In anderen Gegenden werden
die jungen Vögel erst nach dem Nestverlassen mit
Schlingen oder Netzen gefangen. „Im Binnenland,"
berichtet Reichenow, „sammeln die Häuptlinge in den Ort=
schaften die jungen Vögel, um sie, wenn sie nach und nach eine
größre Anzahl erlangt haben, nach der Küste zum Verkauf zu
bringen; inzwischen lassen sie die Papageien mit beschnittenen
Flügeln frei umherlaufen, und man sieht sie daher in den Dörfern
allenthalben auf den Strohdächern der Hütten oder auf Bäumen,
welche zu diesem Zweck hier gepflanzt sind, wie bei uns die
Haustauben, sitzen." Wenn übrigens die Mittheilungen
der Reisenden über die Weise des Fangs der Vögel
von einander sehr abweichen, so liegt dies wol darin
begründet, daß der Fang bei den verschiedenen Stämmen,
je nach deren Bildungsstufe und Intelligenz, anders
betrieben wird.

Mit den Graupapageien wird nicht allein an den Küsten, sondern auch im ganzen Binnenland von Innerafrika ein schwunghafter Handel getrieben. So berichtet z. B. Dr. Fischer, daß er Graupapageien überall in den Niederlassungen der Araber, also im jetzigen Deutschostafrika, gefunden habe, bei denen sie sehr beliebt sein sollen. Vom Tanganyikasee werden die Graupapageien von Elfenbeinhändlern bis nach Sansibar gebracht. Ebenso gelangen von der West=küste aus Graupapageien nach Madeira.

Die Hauptmasse dieser Vögel wird natürlich nach den westlichen Küstenstrichen, zumal nach der Senegal=, Gold= und Loangoküste, doch auch nach den dazwischen=liegenden verkehrsreichen Küsten, gebracht. Aufkäufer der Großhändler erhandeln auch wol im Innern schon Graupapageien, da sie dort viel billiger zu erlangen sind. Der Preis für den einzelnen Vogel ist je nach den obwaltenden Verhältnissen ungemein verschieden. An der Goldküste bringen die Neger die jungen Grau=papageien unmittelbar nach der Brutzeit in langen, röhrenförmigen, aus Rohr oder Schilf geflochtenen Körben massenhaft nach den Hafenstädten, und hier be=zahlt man sie nach unserm Geld mit etwa 3 ℳ für den Kopf, im Innern tauscht man sie gegen Waaren von noch geringrem Werth ein. Später steigen die Preise, sodaß sie auf den großen Dampfschiffen wol schon 15—18 ℳ kosten. Bereits gezähmte und abgerichtete Papageien, welche von den halbkultivirten, in Missions=

häusern erzogenen Negern zum Verkauf gebracht werden und schon einige Worte, sei es in der Landessprache oder in verdorbnem Englisch, sprechen können, stehen natürlich höher im Preis. In Kamerun sind die dortigen Graupapageien (Preis nur etwa 2 ℳ) wenig geschätzt, dagegen als besonders begabt die von Manyema (Preis 6—10 ℳ). Frühere Angaben gewissenhafter Reisenden sind in dieser Hinsicht nicht mehr zutreffend, da mit der fortschreitenden Erschließung Afrikas die Handelsverhältnisse sich erheblich geändert haben. Gegenwärtig sollen die Graupapageien an der Kongoküste 4 bis 8 Schilling, in Gabun 10 bis 15 Schilling, an der Goldküste 3 bis 4 Schilling preisen. Die Händler machen ihrerseits unter den eingeführten Graupapageien bedeutsame Unterschiede. Die großen, langhalsigen, dunkelgrauen Jakos, die aus dem Innern von Westafrika herkommen sollen, sind größtentheils vorzugsweise begabte Vögel, doch ergeben sich auch unter den ganz kleinen, hellgrauen nicht selten vortreffliche Sprecher. Als besonders werthvoll erachtet man weiter die sog. „Segelschiffvögel", also Graupapageien, welche in geringerer Anzahl und daher bei beßrer Verpflegung, herübergebracht worden, größtentheils auch wol beim Einkauf sorgfältiger ausgewählt sind. Sie sollen die Sicherheit gewähren, daß sie unterwegs nicht den Keim unheilvoller Blutvergiftung empfangen haben und also vonvornherein mindestens für lebensfähig angesehen werden dürfen. Hierin würde

in der That ein bedeutsamer Werth liegen, allein in
allen Fällen ist jene Voraussetzung leider nicht zutreffend. „Dampfschiffvögel" nennt man schließlich
die massenhaft und unter den übelsten Verhältnissen
eingeführten Graupapageien.

Die Wandlung der Verhältnisse gilt auch zum
Theil von der Überführung der Graupapageien von
der afrikanischen Küste bis zu den europäischen Häfen.
Im Wesentlichen aber sind in dieser Beziehung die
Verhältnisse ebenso schlecht geblieben, wie sie früher
waren. Die Vögel werden in verhältnißmäßig enge,
nur vorn vergitterte Kasten massenhaft eingepfercht
und in den untersten Schiffsraum gebracht, wo sie
in der heißen, dunstigen und qualmigen Luft, mit
Matschfutter (erweichtem Brot, Früchten u. a.) verpflegt, noch daran leiden müssen, daß man ihnen
aus Vorurtheil und Unwissenheit das Trinkwasser
vorenthält; auch werden die Käfige nie gereinigt.
Trotz aller solchen Unbillen bleiben sie erstaunlicher-
weise in der beiweitem größten Anzahl nicht allein
am Leben, sondern sie erscheinen, was uns geradezu
wunderbar dünken muß, fast regelmäßig wohlgenährt
und kräftig und lassen keinerlei Krankheitsanzeichen
erkennen. So kommen sie nach Europa, wo sie nun
den schweren Kampf ums Dasein, in der Gewöhnung
an ein rauhes Klima, veränderte Ernährung, kurz
und gut an ganz andere, fremde Verhältnisse, und
damit zugleich allerlei Unruhe und Beängstigung,

durchmachen müssen. Auch hier erhalten sie sich
gewöhnlich noch eine bis zwei Wochen, ja unter
Umständen bis sechs, in einzelnen Fällen sogar bis acht
Wochen lebend, aber sie sind mit ganz wenigen Aus=
nahmen dennoch unrettbar verloren. Auffallender=
weise tritt die Erkrankung sofort, wol schon nach
Stunden oder doch in wenigen Tagen bei einem bis
dahin anscheinend ganz gesunden Papagei ein, sobald
er Trinkwasser erhalten hat. (Näheres über diese
Erkrankung bitte ich weiterhin unter Krankheiten in
dem Abschnitt über die Blutvergiftung oder Sepsis
nachzulesen.)

Da diese bedauerlichen Verhältnisse und deren
Folge, das massenhafte Eingehen dieser Vögel, in der
Öffentlichkeit besprochen worden, so wurde auf den
meisten Dampfern das Mitbringen von Papageien
verboten. Doch ist dadurch nichts gebessert worden,
denn die Matrosen brachten nun die Vögel heimlich
an Bord und verbargen sie an den dunkelsten Stellen
des Schiffs, z. B. im Lampenaufbewahrungsraum,
der völlig finster und mit schlechter Luft erfüllt ist,
sodaß die Vögel nun noch mehr als vorher zu leiden
hatten. Geändert werden können diese Verhältnisse
nur dadurch, daß die europäischen Großhändler im
Lande selbst die Papageien aufkaufen und für die
bestmögliche Verpflegung derselben während der Ueber=
fahrt sorgen.

Der braunschwänzige graue Papagei oder Timneh

(Psittacus timneh, *Fras.*, s. P. carycinurus, *Reichn.*)
Timneh-Papagei, Timneh-Jako. — Timneh Parrot.
— Perroquet timneh. — Timneh Papegaai.

Dieser Papagei unterscheidet sich von dem vorigen auf den ersten Blick durch folgende Merkmale: Er ist im ganzen Gefieder mehr oder minder dunkler grau, doch sind die einzelnen Vögel recht abweichend. Sein Schwanz ist schokoladen- bis rothbraun (niemals aber rein roth). Schließlich hat er keinen rein schwarzen Schnabel, sondern dieser ist bei ihm an der First und Spitze, sowie am Grund blaß röthlichgrau. Auch ist der Vogel im Ganzen bemerkbar kleiner als der Graupapagei. Früher hielt man ihn für das Jugendkleid oder eine Oertlich- keitsrasse des Verwandten, doch ist er dann mit Sicher- heit als selbständige Art festgestellt worden. Seine Heimat dürfte sich auf den Norden von Westafrika be- schränken. Sein Freileben ist bis jetzt noch unbekannt. Im Handel bei uns erscheint er noch immer verhältniß- mäßig selten, doch ist er auf den Berliner Vogel- ausstellungen schon mehrmals vorhanden gewesen. Frau Baronin Sidonie von Schlechta in Wien schildert ihn als anmuthig und in seinem Benehmen recht komisch, auch als überaus zutraulich gegen Jedermann. Er pfeife einen wundervoll reinen Ton, spreche deutlich, aber eigenthümlich langgezogen und nur verhältniß- mäßig wenig. Das grunzende Geschrei des Jako habe er nicht, sondern nur einen hellen, schrillen Ruf. Nach mehrmaliger alljährlicher Mauser bekam er stets den rothbraunen Schwanz wieder und sein ganzes Gefieder blieb gleichmäßig. Dazu hatte ich früher bemerkt: Für die Liebhaberei wird der Timneh immer nur geringe Bedeutung haben, da er weder schöner, noch begabter als der Graupapagei ist und nur den Reiz der Seltenheit gewährt. Dagegen hat im Jahr 1893 Frau A. Vielbaum in Hamburg über einen ganz vorzüglichen, außerordentlich reich begabten Timnehpapagei in der „Gefiederten Welt" berichtet: „Wir waren anfangs enttäuscht, als wir sahen, daß der Ankömmling nicht ein grauer, sondern ein Timnehpapagei sei; aber er entwickelte dann so liebenswürdige Eigenschaften, daß wir ihn mit einem der besten Sprecher unter jenen Verwandten nicht vertauschen würden. Er spricht viel und ungemein deutlich, in den verschiedensten Tonarten, pfeift, tanzt und ahmt alle Geräusche mit staunenswerther Natürlichkeit nach. Als wir ihn erhielten, sprach er nur wenige plattdeutsche Worte, die wir nicht einmal verstehen konnten; doch wurde er bald sehr zutraulich, kam auf meine Hand und küßte mich zärtlich. Nach kurzer Zeit kannte er uns Alle einzeln beim Namen, sagte auch deutlich „Guten Morgen" und sobald Jemand anklopfte. „herein". Dann folgten bald die verschiedensten Redensarten: „Du bist mein kleiner Freund, Du bist ein schöner Vogel" u. s. w. Auch singen hat er gelernt und schön pfeifen, ja er versteht drollig zu tanzen, und es ist sehr komisch, wenn er mit erhobenen Flügeln nach dem Takt hin und her trippelt. Er lacht und weint wie ein Mensch, kurz und gut, er ist nicht allein an Sprachbegabung, sondern auch an Verständniß für das Gesagte so hoch begabt, daß ihn zweifellos kein Graupapagei in dieser Hinsicht übertreffen kann." Soweit wir bis jetzt den Timneh kennen, müssen wir nun aber zugeben, daß ein derartig reich begabter Vogel dieser Art durchaus nur als größte Seltenheit anzusehen ist. Hinsichtlich der Durchschnittsbegabung wagen wir uns noch kein sicheres Urtheil anzumaßen; wir sprechen viel=

2*

mehr nur die Vermuthung aus, daß diese Papa=
geien, ganz ebenso wie die von der verwandten Art,
überaus verschieden begabt sein werden, sodaß bei
ihnen, ebenso wie beim Jako, Vögel vom erbärm=
lichsten Stümper bis zum hochstehenden, geradezu
unübertrefflichen Künstler, bzl. Sprecher uns ent=
gegentreten werden.

Während der Timneh=Papagei also nicht bloß
in seinem ganzen Wesen, sondern auch in allen
seinen Eigenthümlichkeiten, seiner Fütterung und
den übrigen Bedürfnissen dem Graupapagei völlig
gleichsteht, bitte ich hiermit die Leser, alles Folgende
in Hinsicht der gesammten Behandlung und Pflege,
als für beide in ganz gleicher Weise geltend an=
zusehen.

Einkauf, Verpflegung und Abrichtung.

Beim Einkauf des Jako ist es ebenso nothwendig
wie bei dem eines jeden andern derartigen Vogels,
auf bestimmte Gesundheitskennzeichen zu achten. Der
Papagei muß seine natürliche Lebhaftigkeit und ein
glatt und schmuck anliegendes, besonders am Unter=
leib nicht beschmutztes Gefieder, klare und lebhafte,
nicht trübe oder matte Augen, nicht schmutzige, nasse
oder verklebte Nasenlöcher und keinen scharf und spitz

hervortretenden Brustknochen haben; er darf nicht
traurig sein, bewegungslos und mit struppigem oder
aufgeblähtem Gefieder dasitzen, in der Ruhe nicht
kurzathmig erscheinen oder beim Athemholen gar
den Schnabel aufsperren und namentlich nicht zeit=
weise einen schmatzenden Ton hören lassen; der
Unterleib darf weder stark eingefallen, noch aufge=
trieben, am wenigsten aber entzündlich roth aus=
sehen. Die meisten, ja fast alle Graupapageien zeigen
nach der Einführung mehr oder minder stark be=
schnittene Flügel. Dies ist ein großer Uebelstand,
gegen den wir aber vergeblich ankämpfen, weil näm=
lich das Flügelverschneiden geschieht, um das Ent=
kommen der Vögel theils schon in der Heimat, theils
auf den Schiffen zu verhindern. Bei den großen
Sprechern erscheint dies umsomehr bedauernswerth,
da es oft jahrelang währt, bis die Stümpfe durch
neue Federn ersetzt werden, und da jeder sehr ent=
federte Papagei vorzugsweise sorgfältiger und vor
allem kenntnißvoller Verpflegung bedarf. Nur dann,
wenn ein solcher vollkräftig und wohlbeleibt sich zeigt,
mag man ihn ohne Besorgniß kaufen.

Zum befriedigenden Einkauf gibt es verschiedene
Wege, doch muß man, gleichviel welchen man ein=
schlagen will, stets aufmerksam und mindestens
mit einigen Kenntnissen zuwerke gehen, denn der
Handel mit lebenden Thieren hat immer seine
Schattenseiten, die nur zu leicht Täuschung, Ver=

druß und Verleidung der ganzen Liebhaberei bringen
können.

Wer noch jeder Erfahrung ermangelt, dürfte am
besten daran thun, einen bereits eingewöhnten und
wenigstens zum Theil abgerichteten Papagei zu kaufen.
In diesem Fall kommt freilich der Preis bedeutungs=
voll inbetracht und nur, wenn man die Ausgabe von
wenigstens sechzig Mark nicht zu scheuen braucht,
ist es rathsam, einen schon etwas sprechenden Grau=
papagei anzuschaffen; denn man erspart sich ja nicht
allein die Mühe der Selbstabrichtung und das
Wagniß, daß man einen ganz untauglichen oder
doch stümperhaften Vogel bekomme, sondern man
hat auch nicht zu befürchten, daß der Papagei bei
der Eingewöhnung und Abrichtung zugrunde gehe.
Nicht außerachtlassen wolle man bei solchem Einkauf,
daß man die volle Gewähr dafür haben muß, einen
entschieden ehrenhaften Verkäufer vor sich zu sehen;
andernfalls wird man immer in die Gefahr gerathen,
arg übervortheilt zu werden. Der Werth eines
solchen Sprechers beruht ja eigentlich durchaus auf
Einbildung; oft hört man die Bemerkung, daß ein
sprechender Papagei geradezu unbezahlbar sei, denn
der Besitzer oder die Besitzerin will ihn eben um
keinen Preis fortgeben. Und inanbetracht dessen, daß
gut und sachgemäß verpflegte Papageien in der Regel
überaus ausdauernd sich zeigen und sehr alt werden,
und daß also bei dem eingewöhnten Vogel nicht leicht

die Gefahr eines Verlusts vorhanden sein kann,
ferner, daß ein guter Sprecher zu angemeßnem Preise
jederzeit wieder unschwer zu verwerthen ist, darf ich
vom Ankauf eines solchen nicht abrathen. Dabei
ist folgendes zu berücksichtigen. Zunächst lasse man
sich vom Verkäufer möglichst genaue Angaben darüber
machen, was der Vogel leisten kann; man verlange
solche in gewissenhafter Weise und bedinge aus=
drücklich, daß dieselben lieber zu wenig als zu viel
besagen. Noch nothwendiger ist es, daß der Ver=
käufer eingehende Auskunft über die bisherige
Verpflegung, bzl. Fütterung und Haltung
ertheile.

Vortheilhafter ist es unter Umständen allerdings,
wenn man einen ganz rohen oder doch erst wenig
abgerichteten Papagei kauft, um die Unterrichtung,
bzl. weitre Fortbildung selbst zu übernehmen. Der
billige Preis macht dann ja auch das Wagniß, daß
man einen kranken Vogel erhalten könne, der trotz
sorgsamster Pflege vielleicht eingeht, oder daß er
ein störrischer, kaum oder garnicht gelehriger alter
Schreier sei, nicht zu schwer. Wer die Gelegenheit
dazu findet und in der Kenntniß dieser Vögel schon
einigermaßen bewandert ist, thut am besten daran,
sich beim Händler den Jako selber auszusuchen.
Andernfalls muß man sich auf die Redlichkeit des
Verkäufers verlassen. Der erstre Fall bedingt einiger=
maßen starke Nerven, denn man muß das Gekreisch,

welches die je in einem Kasten zu 8—20 Köpfen
beisammen steckenden Grauen ausstoßen, selber gehört
haben, um es würdigen zu können, welch' hoher
Grad von Liebhaberei dazu erforderlich ist, daß sich
ein Neuling nicht ein= für allemal abschrecken lasse.
Zur Behandlung, Verpflegung und Abrichtung eines
solchen rohen Vogels bedarf es aber, wie bereits ge=
sagt, reicher Erfahrungen, bei deren Mangel man sich
nur zu leicht Verdrießlichkeiten und Verlusten aussetzt.
Vor allem ist auch hier Kenntniß der bisherigen
Verpflegung nothwendig. Wenn die meistens noch
sehr jugendlichen Papageien soeben all' die Be=
schwerden und Gefahren der Reise durchgemacht
haben, nun einen harten Kampf ums Dasein in der
Gewöhnung an das rauhe Klima, die veränderte
Ernährung und ganz andre, sie gar sehr beängsti=
gende Behandlung durchmachen müssen, wenn sie
dabei weder vor Zugluft, noch plötzlichen Wärme=
schwankungen und anderen schädlichen Einflüssen ge=
nügend geschützt werden und sich dennoch erhalten,
so liegt darin wol der Beweis dafür, daß sie eine
außerordentliche, staunenswerth zähe Lebenskraft
haben. Erklärlicherweise geht dabei manch' einer
zugrunde, und um dies zu vermeiden, beachte man
vornehmlich die Regel, daß jeder Vogel, wie
jedes Thier überhaupt, bei allmählichem Uebergang
sich von einem Nahrungsmittel zum andern unschwer
und gefahrlos überführen läßt, während ihm jeder

plötzliche Wechsel fast immer Verderben bringt. Man
verpflege ihn also in der ersten Zeit genau nach den
Angaben des Verkäufers und gewöhne ihn dann,
je nach seinem Befinden, vielleicht erst nach Wochen,
an die zuträglicheren Futtermittel, die ich weiterhin
angeben werde, und zwar indem man nach und
nach die Gabe des bisherigen Futters verringert
und von dem neuen mehr hinzugibt. Im Nothfall
muß man die Annahme des letztern durch Hunger
zu erreichen suchen. Vortreffliche Dienste leistet bei
solchem Wechsel das Beispiel eines bereits längst ein=
gewöhnten Genossen, den man neben den angekom=
menen bringt. —

Bei jedem Handel mit lebenden Thieren lassen sich
einerseits Selbsttäuschungen nur schwer vermeiden und
kommen andrerseits mehr als sonstwo Unredlichkeiten
vor. Es ist eine trübselige, jedoch leider unumstöß=
liche Thatsache, daß hier nur zu oft Einer den Andern
zu übervortheilen sucht, und daß man wirkliche oder
vermeintliche, unabsichtliche oder geplante Unredlich=
keiten hier manchmal selbst bei sonst durchaus achtungs=
werthen Leuten vor sich sieht. Wer einen lieb geword=
nen Vogel besitzt, ein talentvolles Thier vielleicht nach
vielen Fehlschlägen endlich erlangt hat, täuscht sich
leicht selber, und wenn solch' Vogel ein oder einige
Worte wirklich inne hat, so hält man ihn wal bereits
für einen ausgezeichneten Sprecher und gibt ihn auch
in voller Ueberzeugung dafür aus. Nun treten mög=

licherweise Verhältnisse ein, die den Verkauf nothwendig oder doch wünschenswerth machen — und dann wird in harmloser Weise beiweitem mehr gesagt, bzl. versprochen, als die Thatsächlichkeit ergibt. Im Gegensatz dazu wiegt sich ebenso jeder Käufer in übertriebenen Erwartungen; er will einen vorzüglichen Vogel erlangen, dagegen einen möglichst geringen Preis zahlen. So sind gegenseitige Täuschungen und damit Zank und Streit unausbleiblich. Unleugbar aber haben wir hier auch recht viele Menschen vor uns, welche in unverantwortlicher Weise auf die Einfalt und Leichtgläubigkeit Anderer bauen und den sprechenden Papagei weit über sein Können und seinen Werth hinaus anpreisen und verkaufen; ja, schließlich kommen Fälle von harsträubendem Betrug vor, indem noch ganz rohe oder alte, unbegabte Vögel als vorzügliche Sprecher verkauft werden.

Ein weiterer großer Uebelstand, den man unter Umständen geradezu als Unfug bezeichnen kann, tritt uns in den sog. ‚akklimatisirten‘ Vögeln entgegen. Als solche werden vielfach Papageien ausgeboten, von denen die unerfahrenen Käufer glauben sollen und auch wirklich vielfach sich überzeugt halten, daß sie die beste Gewähr guter Beschaffenheit in jeder Hinsicht bieten. Nun ist aber der Begriff ‚akklimatisirt‘ weit ausdehnbar oder er wird doch nur zu sehr erweitert. Streng genommen kann man als einen akklimatisirten Vogel nur einen solchen ansehen,

der nach allen Gesundheitszeichen hin tadellos
erscheint, sowie vor allem hinsichtlich der Fütterung und Verpflegung vollkommen eingewöhnt ist.
Die Verkäufer aber, insbesondre die Händler, bezeichnen im Gegensatz dazu jeden Papagei schon als
akklimatisirt, der sich nur einigermaßen an das veränderte Klima und die neue Fütterung gewöhnt und
einige Monate oder wol gar nur einige Wochen
erhalten hat, gleichviel wie sein Aeußeres beschaffen sei.
Jeder geringste Zufall, insbesondre die Beschwerden
einer weiten Versendung, zumal bei ungünstiger
Witterung, können dann aber Erkrankung und Tod
herbeiführen — und die Gewähr oder ‚Garantie‘
solcher ‚Akklimatisirung‘ ist also nichts andres als
eine lere Redensart.

Der nächste Punkt, welcher gleichfalls zu Streitig-
keiten und noch dazu unnöthigerweise führt, liegt
in der mangelnden Kenntniß und Geduld seitens des
Käufers begründet. Selbst bei einem vorzüglichen,
hoch begabten und gut abgerichteten Papagei muß
man darauf gefaßt sein, daß er in den ersten Tagen,
manchmal selbst Wochen, nichts hören läßt. Man
wolle bedenken, daß jeder derartige Vogel nur dann
spricht, bzl. seine Kenntnisse zur Geltung bringt, wenn
er sich einerseits körperlich durchaus wohl und andrerseits sicher und behaglich fühlt. Darin liegt ja eben
ein Beweis für die hohe Begabung eines solchen Vogels,
daß er mit scharfer Beobachtung die Verhältnisse

ermißt, sich nur allmählich in die neue Lage findet und dann erst in derselben wohlfühlt.

Die Versendung im Großhandel geschieht in Holz= kisten, welche nur an der vordern Seite vergittert sind, während diese in der Regel zugleich abgeschrägt ist, sodaß man sehen kann, wohin das Futter gestreut wird. Die Thür befindet sich entweder vorn am Gitter oder in der Hinterwand und ist gewöhnlich nur so groß, daß man den Vogel gerade hindurch bekommt. Futtergefäße sind in der Regel nicht vor= handen, sondern das Futter wird einfach auf den Boden geworfen. Wasser bekommen die großen Papageien ja meistens leider garnicht oder es wird ihnen täglich in irdenen Töpfen hineingereicht. Die meisten Käfige sind auch nicht einmal mit einer Vor= richtung zum Reinigen ausgestattet, und so bleiben denn Schmutz, Hülsen und andere Abgänge, sowie die Entlerungen faulend auf dem Boden liegen und verpesten die Luft.

Am übelsten sind die Käfige, in denen angeblich biedere „Seeleute“ nach Berlin und anderen großen Städten noch rohe Graupapageien (meistens Todes= kandidaten) bringen, um sie zu billigen Preisen, bis zu 10 ℳ für den Kopf hinab, zu verschleudern. Nur ein länglich viereckiger Kasten, eine Kiste, die zur Verschickung irgendwelcher Waren gedient hat, enthält „in drangvoll=fürchterlicher Enge“ beiweitem zu viele der bedauernswerthen Vögel, die zunächst in der

Hitze und schlechten Luft des geschloßnen Raums und noch dazu ohne Trinkwasser arg leiden und die den gekochten Mais u. a. so verzehren müssen, wie er ihnen naß oder doch recht feucht auf den Boden geworfen wird, wo sie ihn in dem fast eine halbe Hand hoch aufgehäuften Schmutz und Unrath leider nur zu bald zertrampeln, um ihn dann im Hunger sammt dem ekelhaften Schmutz hinunter= zufressen.

Zum Ver=
sandt im Bin=
nenlande, sei es
seitens der
Händler an die
Liebhaber oder
der letzteren an
einander, sind Käfige im allgemeinen Gebrauch, die für diesen Zweck recht praktisch, aber sehr roh erscheinen. Ein solcher besteht in einem einfachen langgestreckten Holzkasten, dessen Vorderseite an der obern Hälfte vergittert und für die großen, sowie für alle stark nagenden Papageien überhaupt in der Regel mit dünnem Blech innen ausgeschlagen ist; die Ober= seite schrägt sich, der Gestalt des Vogels entsprechend, nach hinten zu ab, sodaß die Hinterwand nur etwa zwei Drittel von der Höhe der Vorderwand beträgt. Entweder die Oberwand oder die Hinterwand bilden einen einschiebbaren Deckel, bzl. die Thür, durch welche

der Vogel hineingebracht und herausgenommen wird.
Vorn unterhalb des Gitters haben diese Kasten einen
durch Holzleiste oder Brettchen vom Boden abgetheilten
Raum für das Futter und etwas weiter hinten eine
unmittelbar über dem Boden befindliche dicke Sitz=
stange; meistens enthalten sie kein Wassergefäß und
oft genug fehlt auch die Futter= und Sitzvorrichtung.
Man nimmt allerdings mit Recht an, daß ein Papagei
auf kürzeren Reisen von 1 selbst bis 3 Tagen dursten
darf, ohne Schaden zu leiden, während im Gegen=
satz dazu ein Wassergefäß ihm verderblich werden
kann, denn bei kühler, unfreundlicher Witterung zieht
das beim Fahren überspritzende Wasser ihm leicht
Erkältung, bzl. Erkrankungen, zu. Man sucht dies
vielfach durch einen Schwamm zu verhindern, allein
derselbe wird von dem Papagei in der Regel heraus=
gezupft und näßt ihn dann erstrecht oder wird von
ihm zerpflückt und zum Theil gefressen und bringt ihm
im letztern Fall noch üblere Erkrankung. Englische
Händler füllen das Trinkgefäß mit in Wasser erweichtem
Weißbrot an, doch dasselbe säuert leicht und ver=
ursacht Durchfall und andere Krankheiten. Die
hier und da gebrauchten pneumatischen Trinkgefäße
dürften, wenn sie ganz von Metall, Zink oder ver=
zinntem Eisenblech sind, für Papageien bei weiter
Versendung empfehlenswerth sein; der Käfig aber
muß dann eine bedeutendere Größe als die gebräuch=
lichsten haben, damit sich solch' Gefäß darin unter=

bringen läßt, ohne den Vogel zu sehr zu beengen; je weiter die Reise, desto mehr Raum ist überhaupt nothwendig. Bei kurzen Entfernungen ist es am besten, wenn das Wasser, wie erwähnt, ganz fort= bleibt. Zur Versendung in kalter Jahreszeit werden von den Käfigfabriken besondere Winter=Versandt= bauer hergestellt, welche in einem Doppelkasten mit drahtvergittertem Fenster an dem Außenkasten be= stehen, während der innere ein gewöhnlicher Versandt= kasten ist.

Empfang und Eingewöhnung. Für jeden bestellten, bzl. erwarteten Graupapagei halte man den Wohn= käfig oder Ständer bereit, damit er nach der Ankunft nicht mehr lange im Versandtkasten zu bleiben braucht; kommt er gegen Abend an, so lasse man ihn die erste Nacht ruhig im Versandtkasten sitzen. Beim Ein= oder Aufbringen in den Käfig oder auf den Ständer vermeide man, wenn irgend möglich, die Anwendung von Gewaltmaßregeln, und geht es ohne solche durchaus nicht, so lasse man sie von einem Andern ausführen — eingedenk dessen, daß der Papagei dergleichen niemals oder doch für lange Zeit nicht vergißt und gegen den, der ihm derartige vermeintliche Unbill zugefügt hat, stets scheu und ängstlich oder mißtrauisch bleibt. In der Ankunft vieler, ja der meisten Papageien liegt vonvornherein eine arge Enttäuschung für den Empfänger, insbesondre wenn derselbe noch garkeine Kenntniß von dem Wesen und

Benehmen eines solchen Vogels hat. Da kommt der
sehnlichst erwartete Graupapagei mit der Post an —
und jagt das ganze Haus in Entsetzen, denn er
schreit „wie ein gestochenes Schwein" und läßt
sich nicht beruhigen, weder durch Sanftmut noch
durch Strenge; er zeigt sich eben als ein wildes,
ungeberdiges Vieh, welches keinerlei Besänftigungs=
mitteln zugänglich ist. Dadurch ließ sich schon man=
cher Liebhaber die Freude für immer verderben, und
nur der Sachverständige weiß es zu ermessen, daß
gerade ein solcher Vogel die Aussicht auf besten
Erfolg gewährt.

Sobald man in den Empfang= bzl. Wohnkäfig
Futter und Wasser gebracht, stellt man vor seine
geöffnete Thür, bzl. in ihn hinein den gleichfalls
aufgemachten Versandtkasten, sodaß der Vogel von
selber aus diesem heraus und in jenen hineingehen
kann, und wartet geduldig, selbst wenn es, wie dies
zuweilen vorkommt, ziemlich lange dauert. Ist der
Papagei so scheu und zugleich störrisch, daß er durchaus
nicht freiwillig den Kasten verläßt, so muß man ihn,
wie schon gesagt, von einer fremden, natürlich jedoch
zuverlässigen Person herausgreifen lassen. Der Be=
treffende muß sich, nachdem er auf beide Hände starke,
am besten wildlederne Handschuhe gezogen, die rechte
Hand mit einem derben Leinentuch umwickeln und
dann dreist und rasch den Papagei hinterrücks über
den Kopf und das Genick fassen, sodaß derselbe nicht

beißen kann. Letztres muß mit Geschick und Vorsicht geschehen, damit das werthvolle Thier dabei keinenfalls beschädigt werde. Mit der linken Hand schiebt man ihn nun sofort ohne weitern Aufenthalt in den Wohn= käfig hinein, verschließt dessen Thür und überläßt den Papagei für möglichst lange Zeit völlig ungestört sich selber.

Will man ihn anstatt im Käfige lieber auf einem Bügel oder Ständer halten, so dürfte es am rath= samsten sein, daß jeder unerfahrene Liebhaber schon bei der Bestellung den Händler bittet, dem Papagei Ring und Kette anzulegen. Muß man letztres selber ausführen, so packt man den Vogel, oder läßt ihn wie vorhin angegeben greifen, jedoch zugleich ihm den Schnabel zuhalten oder den Kopf mit einem losen Tuch verhüllen, dann zieht man am besten den linken Fuß vor und schraubt den bereits geöffneten Ring daran fest, während das andre Ende der Kette schon am Ständer befestigt sein muß. Beim Los= lassen aber, sowie bei jeder Annäherung späterhin, sei man recht vorsichtig, damit der Papagei nicht in blinder Angst und Hast plötzlich fortspringe, sich hinab= stürze und den Fuß breche oder ausrenke.

Nun kann es manchmal lange dauern, bis der durch das Herausgreifen beim Händler, Einsetzen in den Kasten und die Versendung im engen Raum nur zu sehr geängstigte Papagei endlich soviel Ruhe zu gewinnen und Muth zu fassen vermag, daß er nicht

mehr bei jeder Annäherung, namentlich aber beim
Füttern und Reinigen des Käfigs, davonzukommen
sucht und das ohrenzerreißende Geschrei ausstößt;
bei manchem währt es wochenlang, ehe er allmählich
sich beruhigt, verständig, zutraulich und dann auch
bald gelehrig sich zeigt.

Hat man einen rohen Papagei vor sich, der noch
ganz wild und unbändig ist, so sollte man ihn zunächst
weder sogleich in den geräumigen Wohnkäfig, noch
an die Kette auf den Ständer bringen. Im erstern
Fall wird seine Eingewöhnung sehr verzögert und
im andern kommt er nur zu leicht in die Gefahr,
bei Erschrecken oder Beängstigung sich plötzlich hinab=
zustürzen und wie oben gesagt zu beschädigen. Man
setzt ihn vielmehr zunächst in einen Empfangskäfig
und beherbergt ihn in demselben, je nach dem Fort=
schreiten seiner Eingewöhnung, bzl. Zähmung, vier
bis sechs Wochen. Dieser letzterwähnte Käfig muß
ebenso wie der, welchen ich weiterhin als Wohnkäfig
beschreiben werde, gestaltet und eingerichtet sein, nur
mit dem Unterschied, daß er um die Hälfte oder doch
um ein Drittel kleiner als jener ist.

Käfig und Ständer. Ein guter Papageikäfig soll
folgenden Anforderungen durchaus genügen: 1. er
muß ausreichenden Raum gewähren, sodaß der Vogel
sich, wie ich weiterhin näher erörtern werde, die noth=
wendige Bewegung machen kann; 2. seine Gestalt
ist am besten eine einfach viereckige, oben sanft ge=

wölbte, ohne alle Ausbuchtungen, Schnörkeleien und dergleichen Verzierungen; 3. er sollte stets völlig aus Metall hergestellt sein.

Als die gebräuchlichste Form des Käfigs für den einzelnen Sprecher sieht man einen einfachen viereckigen, auch oben nicht gewölbten, sondern flachen und nur an den Seiten zugerundeten Kasten aus starkem verzinnten Eisendraht, meistens noch mit hölzernem Sockel und über dem Fußboden in der Höhe des letztren mit einem Gitter, gleichfalls aus starkem Draht. Dieser Käfig hat aber mancherlei Mängel. Zunächst ist er in der Regel zu klein, sodann müssen die Futter= und Trinkgefäße gewöhnlich von innen angehakt werden, was bei einem bissigen Papagei recht mißlich ist, schließlich sind Drahtnetz und Sockel nebst Schublade nichts weniger als zweckmäßig. Der Verein „Ornis“ in Berlin ließ zur Beherbergung der Papageien auf seinen Ausstellungen Bauer anfertigen, welche ich als Musterkäfige (s. umseitig stehende Abbild.) bezeichnen kann. Ein solcher bietet vollen Raum zur Bewegung, denn er hat 75 cm Höhe und je 43 cm Länge und Tiefe. Sein Obergestell ist aus 4 mm starkem, verzinnten Draht in 3 cm Weite, Sockel, Schublade und Unterboden sind aus verzinntem Eisenblech hergestellt; der letzte kann der bequemern Reinigung halber auch in einem Drahtgitter bestehen. Das erwähnte Drahtgitter oberhalb des Fuß=

bodens ist völlig fortgelassen, zunächst weil sich der Vogel daran die Beine zerbrechen kann, sodann weil sich der Schmutz darauf in häßlicher Weise festsetzt,

hauptsächlich aber, weil jeder Papagei das Bedürfniß fühlt, sich hin und wieder auf dem Fußboden aus= zustrecken und in den Sand zu legen. Die Blech= schublade muß leicht ein= und auszuschieben sein, sodaß die Entlerungen täglich fortgekratzt werden können, worauf der Boden wieder mit trocknem, reinem Sand bestreut wird. Von außen muß sie durch Klammern oder starke Häkchen befestigt werden, damit sie der Papagei nicht aufschieben kann. Der Sockel soll immer recht hoch, mindestens 7 cm breit sein, weil sonst der Papagei durch Herausscharren von Sand u. a. das Zimmer sehr verunreinigt. Die Thür muß so weit sein, daß man den Vogel bequem hineinbringen und herausnehmen kann, also etwa 16—17 cm im Geviert. Meistens hat man sie von oben herabfallend, doch auch seitwärts zu öffnen; in jedem Fall muß sie durchaus sicher verschließbar sein. Fast jeder große Papagei beschäftigt sich angelegentlich damit, vornehmlich den Thürverschluß zu sprengen. Großer Sorgfalt bedarf die Sitzstange. Damit sie nicht zernagt würde, hatte man sie früher mit dünnem Eisenblech beschlagen, einerseits wurde sie dann aber bald so glatt, daß der Papagei sich nur mit Mühe darauf halten konnte, nachts herabfiel und von der fortwährenden Anstrengung sehr litt, andrerseits bekam er Hühneraugen und Geschwürchen in den Fußsohlen und endlich verursachte ihm das Metall Erkältungen der Füße oder des Unterleibs. In zweckmäßiger Weise wird jetzt an jeder Seite des Käfigs unterhalb des Futter- und Trinkgefäßes je ein eiserner Ring oder eine Hülse von starkem Blech angebracht und darin die Stange festgeklemmt. Man wählt am besten ein 3—3,5 cm dickes, frisches

Aſtſtück noch mit voller Rinde von nicht zu hartem Holz, und ſobald daſſelbe zernagt iſt, kann es unſchwer durch ein neues erſetzt werden. Falls man eine entrindete Stange nimmt, darf dieſelbe nicht zu glatt gehobelt, ſondern ſie muß etwas rauh ſein. An den Futter= und Trinkgefäßen hat man neuerdings einen aufgelötheten gewölbten Mantel angebracht, welcher das Futter ſo umgibt, daß der Papagei die Sämereien u. drgl. nicht wie bei den offenen Gefäßen herausſtreuen und verſchleudern, bzl. das Waſſer ver= ſpritzen kann (ſ. Abbildung). So werden ſie ein= geſchoben, und hinter jedem befindet ſich eine auf= und niedergehende Gitterthür, welche verhindert, daß der Vogel entkomme, wenn Futter und Waſſer gewechſelt werden. — Ein völlig entſprechender Käfig ſollte auch immer eine kurze bequeme Sitz= ſtange oberhalb des Bauers haben, zu welcher der zeitweiſe herausgelaßne Papagei emporklettern, ſich darauf ſetzen und bequem die Flügel ſchwingen und das Gefieder auslüften kann. Als Uebelſtand ergibt ſich freilich, daß er von hier aus das Käfig= gitter verunreinigt; entweder muß das letztre dann ſtets ſogleich wieder geputzt werden, oder man ſollte auf dem Käfigdach, unterhalb des etwas erhöhten Sitzes, eine entſprechende Schublade mit Sand an= bringen. — Die noch vielfach gebräuchliche Schaukel im Käfig halte ich nicht allein für überflüſſig, ſondern ſogar für ſchädlich, weil ſie den Papagei in der

Bequemlichkeit stört, namentlich aber ihm den zum Flügelschwenken nöthigen Raum beengt.

Neuerdings hat Herr Nadlermeister P. Schindler in Berlin noch einen verbesserten „Ornis"-Käfig hergestellt. Bei diesem besteht der Sockel aus starkem Zinkblech, 10 cm hoch, an der Vorderseite mit einer herabfallenden Klappe versehen, die durch einen Drahtriegel fest von außen verschließbar ist. Oberhalb des Sockels steht ein sanft gebogner Rand aus starkem Weißblech etwa drei Finger breit hervor, um zu verhindern, daß Futter oder irgendwelche Schmutzerei herausgeworfen werden kann. Die Schublade ist gleichfalls aus starkem Weißblech, leicht ein- und ausschiebbar. Sodann hat der Käfig eine praktische große Thür mit einem festen Verschluß von außen, ohne Oesen; zugleich ist sie fest und glatt eingezinnt, sodaß der Vogel sich nirgends einklemmen oder reißen kann. Futter- und Trinkgefäß, beide von starkem Porzellan, sind jederseits so eingerichtet, daß sie leicht von außen eingeschoben und herausgenommen werden können, während sie andererseits so fest schließen, daß der Vogel sie nicht herabwerfen kann. Auch stehen sie nicht, wie sonst, beiderseits auf der Sitzstange, sondern sind vor derselben eingeschoben, sodaß der Papagei beim Fressen nicht auf dem Rand des Futternapfs, sondern bequem vor diesem auf der Stange sitzen und nicht leicht Futter verstreuen kann. Die Sitzstange

besteht aus einem derben Stück Naturholz mit
Rinde und ist in eine festzuschraubende Klammer
gelegt, sodaß sie, wenn der Papagei das Holz zer=
nagt hat, leicht herausgenommen und durch eine
andre ersetzt werden kann. Oberhalb des Käfig=
dachs ist die oben erwähnte zweckentsprechende Sitz=
stange angebracht, auf der der Papagei täglich,
herausgelassen, die Flügel lüften und sich aus=
schwingen kann. Alles Gitter ist gut und fest ver=
zinnt, sodaß rauhe Ecken nicht vorhanden sind und
es zugleich dem Papageienschnabel Widerstand leistet.
— Herr Nadlermeister Manecke in Berlin hat an
seinen Papageienkäfigen ebenfalls einen praktischen
Thürverschluß, praktische Befestigung der Futter=
näpfe und sodann einen Schlafmantel, der an einem
Drahtaufsatz, den man oben auf den Käfig setzt,
befestigt und der zur Nachtzeit so um den Käfig zu=
gezogen wird, daß der Vogel ihn nicht fassen und
daran nagen kann. Die Messingplatte am Thür=
verschluß ist gut vernickelt, das Schloß ist von außen
leicht zu öffnen, während der Vogel von innen es
nicht aufzumachen vermag.

Viele Liebhaber wünschen, daß der sprechende
Vogel zugleich als ein Schmuck in der Häuslichkeit
zur Geltung komme, und geben ihm einen möglichst
prachtvollen Käfig. Daher sieht man die vielen
unpraktischen runden, zylinder=, kegel= oder
thurmförmigen Bauer von Messingblech oder

=Draht. Abgesehen davon aber, daß sie dem Vogel nicht ausreichenden Raum und bequemen Aufenthalt gewähren, bergen sie auch Gefahren. Zunächst setzt dieses Metall bekanntlich, wenn es nicht stets trocken und blank gehalten wird, Grünspan an und sodann bedrohen die Putzmittel Gesundheit und Leben des Vogels. Der Käfig aus verzinntem, ver= zinktem oder sonstwie metallisch überzognem Eisendraht kann ja gleichfalls als ein Schmuck betrachtet und gewünschtenfalls angestrichen werden. Freilich muß es ein schnell und hart trocknender Lackanstrich sein und der Vogel darf nicht eher in den Käfig gebracht werden, als bis die (natürlich giftfreie) Farbe vollkommen getrocknet ist. Neuerdings hat man auch einen farblosen Lack im Gebrauch, mit welchem man das blanke, trockne Messing über= zieht und der so hart antrocknet, daß ihn der Papageien= schnabel nicht loszuknabbern vermag, während das Messing nicht Grünspan ansetzen kann. Läßt man den Käfig in Gestalt des „Ornis"=Bauers oder sonstwie zweckmäßig anfertigen, so darf man dann immerhin Messing wählen. Hat man dieses Metall aber ohne Lackanstrich und muß der Käfig geputzt werden, so ist der Papagei währenddessen jedesmal herauszunehmen und nicht eher wieder hineinzu= bringen, als bis das geputzte Gitter vermittelst eines weichen, leinenen Tuchs ganz rein und trocken gerieben ist; die meisten Putzmittel, so namentlich die sog. Zuckersäure, sind sehr giftig.

Die bisher vorhandenen Papageien-Ständer mit Ring oder Bügel sind leider fast sämmtlich ebenso unpraktisch und untauglich wie manche Käfige; auch sie können in der Regel nur als Luxusgegenstand gelten. Man sieht sie in verschiedner Einrichtung, und die schlimmsten von ihnen sind ganz, selbst mit Einschluß der Sitzstange, aus Metall oder von härtestem polirten Holz angefertigt. Inbetreff der Sitzstangen muß man auch hier das S. 37 bereits Gesagte beherzigen.

Der einfachste Papageienständer ist ein Gestell etwa von Mannshöhe, eine Säule aus hartem, polirtem Holz, oben mit einem Knauf und unten oberhalb des Fußes mit einer 66 cm langen und 50 cm breiten Vorrichtung, in welcher sich eine leicht ausziehbare Schublade mit voll Sand bestreutem Boden, wie im Käfig, befindet, an der zu beiden Seiten Futter- und Wassergefäß angebracht sind, während an der Säule hinauf treppenartig eingesteckte etwa 15 cm lange Kletterstangen bis zu der eigentlichen etwa 50 cm langen obersten Sitzstange führen, welche letztre nicht zu hoch, sondern noch unterhalb des menschlichen Auges durch die Säule gesteckt sein muß, und an deren beiden Enden man wol zweckmäßiger als unten Futter- und Wassergefäß haben kann. Immer müssen die

Gefäße aber sicher befestigt sein, weil der Papagei hier, wo er frei sitzt, sich noch eifriger mit ihnen beschäftigt. Amzweckentsprechendsten werden sie schubladenartig in eine oben offne Blechkapsel geschoben, deren hervorstehende und nach innen gebogene starke Ränder sie festhalten.

Häufiger findet man den Papageienständer mit Bügel oder Ring, bei dem vor allem der Bügel der Größe des Vogels entsprechend und unterhalb des Sitzes die Schubladenvorrichtung angebracht sein muß. (S. die Abbildung.) Er ist in der Regel aus Metall, mit alleiniger Ausnahme der Sitzstange.

Die Papageienständer, welche den genannten Anfor-

derungen nicht genügen, schließe ich vonvorn=
herein als unbrauchbar aus. Prunkvolle Ständer,
die wol gar mit Goldfischglocke und Schmuckkäfig
für einen kleinern Vogel ausgestattet sind, bergen
für den Papagei nur Thierquälerei. Zweckmäßige
Ständer (s. Abbildung) werden von Herrn Josef
Schmölz in Pforzheim angefertigt. Der Bügel
muß für den Jako eine etwa 60 cm lange Sitz=
stange haben und in der Rundung etwa 50 cm hoch
sein. An den Seiten befinden sich Futter= und
Wassergefäß, und inbetreff dieser sowie der Sitzstange
gilt das bereits Gesagte. Als Erfordernisse, welche
bei den Papageienständern meistens versäumt werden,
und die ich doch als durchaus nothwendig ansehen
muß, nenne ich folgende: Solch' Ständer sollte
immer eine Klettervorrichtung haben, an welcher
der Vogel zur Schublade unschwer herabgelangen
und täglich im Sande paddeln kann. Fehlt eine
derartige Einrichtung, so ist es auch nicht ausreichend,
wenn er oberhalb des Bügels noch einen besondern
festen Sitz hat, während ich diesen letztern für alle
Fälle, selbst wenn der Bügel nicht so sehr lose hängt,
daß er bei der geringsten Bewegung in Schwingungen
versetzt wird, als entschieden unentbehrlich erachte.
Immerhin fehlt hier die naturgemäße Bewegung des
Kletterns, und man sollte bei Anbringung der obersten
Sitzstange darauf Bedacht nehmen, ihm solche, soweit
es thunlich ist, zu verschaffen. Der Papageienständer,

welchen die Abbildung zeigt, ist so eingerichtet, daß
das Gestell vermittelst der beiden Schrauben tief
genug herabgelassen, bzl. in den Fuß hinuntergesenkt
werden kann, um dem Vogel das Erreichen der
Schublade mit dem Sand zu ermöglichen. Man
kann die Kette aus leichtem Metall auch noch um
die Hälfte länger geben, damit der Papagei keinen=
falls behindert werde, den ganzen Raum des Unter=
satzes, bzl. der Schublade, zu betreten. Dieser Ständer
hat keinen besondern obern Sitz. Will der Vogel
klettern und ist die Kette lang genug, so kann er
ja die obre Rundung des Ständers erklimmen; die
Kette muß dann aber nicht allein die volle aus=
reichende Länge, sondern auch in der Mitte ein
drehbares Glied haben, damit sie dem Vogel jede
Bewegung gestatte und sich nicht verwickle. Auf
der Rundung oben am Ständer kann dann wol
zeitweise ein Sitzholz fest angeschraubt werden, und
schließlich ist die Kette so einzurichten, daß sie, wenn
der Papagei wieder ruhig im Bügel sitzt, zur Hälfte
eingehaft wird, damit der Fuß nicht fortwährend
die ganze Last zu tragen hat.

Nach Ermessen muß man den Bügel abnehmen
und im Freien an einen Baumast hängen können;
am Ständerhaken aber müßte sich stets eine Feder
befinden, welche es verhindert, daß der Papagei
gelegentlich den Bügel selber loslöse und mit ihm
herabfalle.

Alle bis jetzt im Handel vorkommenden Fuß=
ketten nebst Fußring sind unzweckmäßig; vor=
nehmlich ist die Wahl des Metalls für dieselben
mißlich. Kupfer, Messing, Neusilber u. a. werden
durch Grünspanansatz leicht gefährlich und sind auch,
ebenso wie das Eisen, zu schwer. Das neuer=
dings vorgeschlagne Aluminium leistet dem Schnabel
zu geringen Widerstand. Zwischen diesen Klippen
aber scheitert auch die Verwendung der übrigen
Metalle. Noch schlimmer steht es mit dem Fußring;
entweder drückt er mit harter Kante an der Stelle,
wo er fest aufliegt, d. h. an der Seite, wo die Kette
herunterhängt, den Fuß und bringt schmerzhafte
Hautverhärtungen hervor, bzl. reibt wenigstens die
Stelle wund, oder der Verschluß des Rings ver=
mag dem Papageienschnabel nicht zu widerstehen.
Der Vogel, wenn er nicht bereits völlig an den
Ständer gewöhnt ist, macht sich dann doch einmal
los und kann allerlei Unfug im Zimmer anrichten
oder wol gar entkommen. Daher wiederhole ich auch
hier die Aufforderung an die Sachverständigen auf
diesem Gebiet: sie mögen darauf sinnen, zweckmäßige
Fußketten und Ringe, die alle derartigen Uebelstände
vermeiden lassen, die namentlich durchaus fest und
sicher, dabei jedoch auch leicht sind, sodaß sie den
Vogel nicht qualvoll belästigen, herzustellen. Die von
Herrn Oberförster Rupprecht vorgeschlagne Einlage von rohem
Guttapercha, welches in siedendem Wasser plastisch gemacht ist,

und das Wechseln des Rings von einem Fuß zum andern hat sich leider nicht bewährt.

Am besten dürfte es sein, wenn man den Papagei so auf den Bügel und an den Ständer gewöhnt, daß er denselben auch unangekettet niemals freiwillig verläßt; dazu gehört freilich viel, und es bleibt dabei mindestens die Gefahr, daß der Vogel, durch einen plötzlichen Schreck oder dergleichen erregt, einmal durch's offne Fenster davonfliegt, selbst wenn er schon seit zehn Jahren und darüber neben demselben gesessen. — Einen sehr einfachen Papageienständer hat neuerdings Herr Manecke-Berlin in den Handel gebracht; er besteht nur in einer praktischen Sitz= stange von 35 cm Länge für den Vogel, die leicht an Tisch und Stuhl zu befestigen ist, und eignet sich besonders für einen gut gezähmten Vogel.

Ernährung. Die zweckentsprechende Fütterung ist für keinen Vogel so wichtig wie für den sprechenden und daher kostbaren Papagei. Unter Hinweis auf das S. 16 bereits Gesagte will ich es nochmals hervorheben, daß die Aufkäufer und Händler vielfach, zumal aber bei der Ueberfahrt, diese Vögel ganz unzweckmäßig behandeln und dadurch vonvornherein den Krankheits= oder gar Todeskeim bei ihnen legen. Ja, noch mehr; wenn die jungen Vögel, wenigstens die, welche früh aus den Nestern geraubt worden, von den Negern mit gekautem Mais aufgepäppelt werden, so liegt darin doch sicherlich keine Gewähr

für ihre Gesundheit und ihr Leben, und ebensowenig
ist dies der Fall bei der weitern Gewöhnung der
jungen Vögel an Bananen u. a. tropische Früchte
oder auch gekochten Mais, gekochte Kartoffeln u. drgl.
Jeder, der Graupapageien nach Europa hinüberbringt,
füttert dieselben seiner Einsicht und Kenntniß gemäß,
und da läßt es sich ja denken, daß die Vögel in
mannichfach verschiedner Weise ernährt und verpflegt werden. Hierin ist wol die Haupturfache der
bestehenden argen Uebelstände zu suchen, und es
ergibt sich als dringend nothwendig, daß die gesammte
Papageien-Einfuhr in einheitlicher Weise geregelt
werden muß. Vor allem müssen die Großhändler
dahin streben, daß sie lebensfähige Vögel erlangen,
und dies können sie eben nur dadurch erreichen, daß
die Verpflegung und Fütterung bereits von Beginn
her sach- und naturgemäß eingerichtet werde. Man
könnte einwenden, dies sei garnicht möglich, bevor man
nicht die Lebens- und Ernährungsweise dieser Vögel
im Freien sicher kennt. Und obwol wir, zumal in der
letztern Zeit, auf diesem Wege in der erfreulichsten
Weise weiter fortgeschritten sind, so bleibt leider doch
noch viel zu wünschen übrig. Ich muß hier natürlich
in den nachstehenden Anleitungen auf den Kenntnissen fußen, die wir aus den bisher feststehenden Erfahrungen zu gewinnen vermochten.

Es ist unbestreitbar, daß die Graupapageien in
der Freiheit der Hauptsache nach von mehlhaltigen

Sämereien, im geringern Maß von öligen Samen,
sowie Nüssen und zeitweise auch von frischen, zarten
Pflanzentheilen, am wenigsten von weichen Früchten,
sich ernähren. Daher ist es richtig, wenn man
in neuerer Zeit sie meistens in der Hauptsache
mit Mais nebst etwas Hanf und Zugabe von
gut ausgebacknem, nicht gesäuertem Weizenbrot
füttert, ihnen aber auch immer, wechselnd je nach
der Jahreszeit, gutreife Frucht dazu reicht. Der
Mais wird am besten schwach angekocht gegeben, weil
die Maiskolben vielfach zu früh ausgebrochen werden,
dann die Körner beim Nachreifen auf dem Speicher
hohl trocknen und innen wol gar schimmeln. Alle beim
Kochen geplatzten, innen schwarzen u. a. schlechten
Körner sucht man sorgfältig aus und wirft sie fort.
Man kocht solange, bis ein herausgenommenes Korn
einen Fingernageleindruck annimmt, reibt die Körner
dann auf einem groben weichen Handtuch luft=
trocken und läßt sie erkalten. Als besondere Lecker=
bissen gibt man auch wol halbreife, noch „in Milch
stehende" Maiskörner, doch muß man damit vor=
sichtig sein, weil sie leicht Durchfall erzeugen. Wer
übrigens durchaus guten, vollreifen und auch vor=
trefflich getrockneten Mais hat, braucht die Körner
nur abzubrühen und dann mit dem Leinentuch zu
trocknen, um sie so nach dem Erkalten zu verfüttern. —
Das Weißbrot (Weizenbrot, Semmel oder Wecken)
muß ohne Sauerteig, ohne oder doch mit möglichst

wenig Hefe, aus reinem Weizenmehl (es darf also
keine Berliner Schrippe, auch nicht mit Zusatz
von Zucker, Milch, Gewürz und Salz), gut aus-
gebacken, nicht glitschig oder wasserstreifig, sondern
gleichmäßig locker und porös sein. Ebenso darf es
nicht zu lange oder in zu vielem Wasser erweicht
werden, damit nicht aller Nahrungsstoff ausgezogen
werde. So wird es altbacken, d. h. mindestens 4 Tage
alt und hartgetrocknet, in Wasser erweicht, dann
entfernt man vermittels eines Messers die Rinde
oder Schale, preßt die reine Krume mit den Fingern
scharf aus und zerkrümelt sie. Will man anstatt des
erweichten Weißbrots lieber trocknes geben, das die
Papageien manchmal sehr gern fressen, so sind die
sog. Potsdamer Zwiebacke — ein kleines hartes,
vortrefflich ausgebacknes reines Weizenbrötchen ohne
jeden Zusatz — höchst empfehlenswerth. Davon
bekommt der Papagei vor- und nachmittags je einen
halben und, wenn er diesen sich selbst in seinen
Trinknapf eintaucht, so schadet es nichts. Von der
vorhin empfohlenen Semmel gibt man ihm vor- und
nachmittags von der erweichten Krume etwa wie
eine Wallnuß groß. Mit dem bisher beschriebnen
einfachen Futter kann man nach meiner Ueberzeugung
jeden großen sprachbegabten Papagei für die Dauer
vortrefflich erhalten.

Sobald ein solcher als völlig eingewöhnt, zweifellos
gesund und lebenskräftig betrachtet werden kann,

darf man ihm einige Zugaben zur Erquickung bieten,
so namentlich Obst. Man versuche vorsichtig zunächst
mit einer Kirsche, Weintraube, einem Stückchen Apfel,
Birne oder dergleichen, je nach der Jahreszeit und
alles natürlich in bester Beschaffenheit; doch achte
man wenigstens in der ersten Zeit recht aufmerksam
auf die Entleerungen, und wenn diese schleimig oder
gar wäßrig, ja auch nur abweichend überhaupt
erscheinen, so lasse man die Fruchtzugabe sogleich
wieder fort, überschlage einige Tage und beginne
dann den Versuch von neuem, bis man den Vogel
allmählich an das gewöhnt hat, was ihm angenehm
und wohlthuend zugleich ist. Als unbedenkliche
Leckerbissen für die großen Sprecher darf man
Hasel= oder Wallnüsse, die sog. brasilischen Erd=
oder Paranüsse, auch wol eine süße Mandel, gewähren,
doch muß man all' dergleichen vorher sorgfältig
schmecken, damit nicht etwa ein verdorbner, ranzig
oder bitter gewordner Kern oder gar eine bittre
Mandel darunter ist; letztre wirkt bekanntlich als
Gift, und beiläufig sei bemerkt, daß man auch Petersilie
als ein solches für Papageien ansieht. Alle weichen
Südfrüchte, wie Bananen, Datteln, Feigen, Apfel=
sinen u. a. m., gebe man den großen Sprechern lieber
garnicht oder doch nur unter äußerster Vorsicht,
indem man jede einzelne Frucht vorher gleichfalls
kostet. Ebenso vermeide man rohe oder gekochte
Möhren, rohe oder geröstete italienische Kastanien,

Melonen, auch Rosinen, sowie die verschiedenen Beren, denn man ist bei alledem nicht sicher, daß dies oder das nicht schädlich sei; ohne Bedenken darf man dagegen vollreife frische und gut getrocknete Ebereschen- oder Vogelberen reichen. Grünkraut erachte ich als überflüssig, Salat oder Blätter von den verschiedenen Kohlarten als geradezu gefahrdrohend; doch biete man den Papageien stets Zweige zum Benagen, anfangs trocknes, mittelhartes Holz, nach völliger Eingewöhnung grüne Zweige mit Rinde, Knospen oder Blättern, am zuträglichsten von Weiden, Pappeln, allerlei Obstbäumen, auch Birken, Buchen und selbst von Nadelhölzern; für weniger gut halte ich die sehr harten, sowie die stark gerbsäurehaltigen Holz- arten. Das Holz zum Benagen braucht der Papagei, einerseits, um für seinen Schnabel eine naturgemäße Thätigkeit zu haben, andrerseits als erfrischendes Nahrungsmittel.

Alle Sämereien sollen voll ausgewachsen und gut gereift, sodann frei von Schmutz und fremden Samen sein; sie dürfen, so z. B. der Hanf, nicht zu frisch (er bewirkt dann leicht Durchfall), aber auch nicht zu alt, vertrocknet oder ranzig sein. Beim Obst ist es wichtig, daß dasselbe nicht zu früh abgenommen, nachgereift (und dann wol sauer geworden), sondern voll ausgewachsen und naturgemäß gereift sei. Es darf auch nicht im weich gewordnen Zustand, ‚molsch‘ oder ‚mudike‘, wie man in Berlin zu sagen pflegt,

sondern es muß frisch und wohlschmeckend sein.
Sorgsam achte man darauf, daß es im Winter nicht
eisig kalt, sondern immer erst gegeben werde, nach=
dem es, mehrfach durchgeschnitten, im erwärmten
Raum gelegen und stubenwarm geworden.

Herr Karl Hagenbeck hat zuerst darauf hingewiesen,
und ich schließe mich seinem Ausspruch an, daß alles
sog. Matschfutter, also eingeweichtes und nicht
ausgedrücktes Weißbrot, gekochter, breiiger Reis u. drgl.
für den Graupapagei schädlich sei.

Allbekannt ist es wol, daß jeder große Papagei in
der Gefangenschaft allerlei menschliche Nahrungs=
mittel, Braten, Gemüse, Kartoffeln, ja, sonderbarer=
weise nicht allein Zuckersachen, sondern auch stark
gesalzene, in Essig eingemachte, gepfefferte u. drgl.
Leckereien mit wahrer Gier frißt, und es kommen
Fälle vor, in denen ein solcher Vogel sich dabei vor=
trefflich erhält und lange Jahre ausdauert. Meistens
aber gehen werthvolle Papageien an derartiger natur=
widriger Ernährung zugrunde. Die erste Folge ist
das Selbstausrupfen der Federn, ein krankhafter
Zustand, den ich im Abschnitt „Krankheiten" besprechen
werde. Noch mancherlei andere Leiden treten ein und
nur zu oft ein Siechthum des ganzen Körpers, sodaß
der arme Vogel an inneren und äußeren Geschwüren
elend sterben muß. Ob die Papageien, wenn sie
einzeln im Käfig gehalten werden, wirklich thierischer
Nahrungsmittel, also der Zugabe von Mehlwürmern,

Ameifenpuppen u. a., bedürfen, ift immer noch nicht
mit Sicherheit feſtgeſtellt. Der Afrifareiſende Sohaux
ſagt, daß die Graupapageien in Weſtafrifa als Zer=
ſtörer von Neſtern anderer Vögel befannt ſeien —
wer fann aber bis jeßt mit Sicherheit behaupten,
ob dies eine naturgemäße oder widernatürliche Er=
ſcheinung ſei? Zur Darreichung von Fleiſch und
Fett an große Papageien vermag ich bis jeßt feinen=
falls zu rathen; denn nach den mir vorliegenden
Mittheilungen hat die Erfahrung ſtets gelehrt, daß
die meiſten großen, ſprechenden Papageien, welche
gefochtes oder rohes Fleiſch erhalten haben, faſt
regelmäßig zugrunde gegangen ſind; immer iſt dies
aber der Fall geweſen bei denen, welchen allerlei
menſchliche Nahrungsmittel überhaupt gegeben
wurden.

Seit der maſſenhaften Erfranfung friſch ein=
geführter Graupapageien iſt vonſeiten Berufener und
Unberufener die Frage der Ernährung dieſer Vögel
vielfach und lebhaft erörtert worden und dabei ſind
die ſeltſamſten Meinungen und Vorſchläge zur Geltung
gefommen. Zwei Anſchauungen traten einander recht
ſchroff entgegen, deren eine dahin ging, daß die friſch
eingeführten Graupapageien durchaus nur Mais und
ſonſtige mehlhaltige Sämereien befommen dürften,
während die andre auf der Annahme beruhte, daß
dieſe Vögel auch mit ölhaltigem Samen, wie Hanf und
dann Wallnüſſen, Haſelnüſſen u. a., gefüttert werden

müßten. Auf der ersten Seite standen fast alle nam=
haften Reisenden, die den Vogel also mehr oder minder
aus dem Freileben her selbst kannten; auf der andern
Seite fanden wir alle praktischen Vogelwirthe und
unter diesen die größten und gebildetsten Händler.
Nach meiner Ueberzeugung haben die Letzteren durch=
aus recht. Zunächst kann nämlich Niemand von
den Reisenden mit entschiedener Sicherheit behaupten,
daß der Graupapagei im Freileben garkeine ölhaltigen
Sämereien verzehre; einer solchen Aufstellung wider=
spricht doch schon die von allen Reisenden als wahr
anerkannte Thatsache, daß der Jako ganz ebenso
wie andere Papageien auch Nußfrüchte frißt, die
bekanntlich ölhaltig sind. Wenn ferner die ölhaltigen
Sämereien dem Graupapagei in der Heimat nicht
zugänglich und infolgedessen schädlich wären — wie
käme es denn, daß fast jeder, auch der unmittelbar
vom Schiff hergebrachte Graupapagei, beim Vogel=
händler sofort heißhungrig über den Hanf, die
Sonnenblumenkörner und die verschiedenen kleinen
Nußarten herfällt und gierig davon frißt —?! So
habe ich und mit mir viele Liebhaber bei der Fütterung
mit Hanf, bzl. ölhaltigen und zugleich mit mehl=
haltigen Sämereien die besten Ergebnisse erreicht. Bei
einzelnen Vögeln freilich, welche den Hanf nicht ver=
tragen — in ganz gleicher Weise wie dies bei manchen
anderen mit dem Mais oder mit dem Sonnenblumen=
samen oder mit verschiedenen anderen Futtermitteln

der Fall ist — liegt dies in bestimmten Krankheits=
formen begründet.

Auch für den Graupapagei ist die Zugabe von
Kalk nothwendig, und zwar ist am zuträglichsten
der thierische Kalk, Tintenfisch= oder Sepienschale,
die infolge ihres Salzgehalts sehr gern gefressen
wird, jedoch, zu reichlich gegeben, schädlich werden kann.
Man vermeide, sie frisch eingeführten Papageien
sogleich zu geben, weil dann leicht übermäßiger Durst
und durch das Trinkwasser, an welches sie noch nicht
gewöhnt sind, Erkrankung verursacht wird. Später
klemmt man einen ganzen Schulp oder nur ein Stück
davon zwischen das Gitter. Nächstdem ist geglühte
Austernschale, ferner etwas Kalk von einer alten Wand
oder noch besser Kreide empfehlenswerth. — Sand
und zwar durchaus reiner, trockner, feiner, aber nicht
staubiger, am besten weißer Stubensand, ist nicht allein
zur Reinigung und Reinhaltung des Käfigs erforder=
lich, sondern die Papageien verschlucken auch kleine
Steinchen zur Verdauung.

Wie schon erwähnt, werden viele Graupapageien
ganz ohne Wasser gehalten; ich hebe es hier noch=
mals hervor, daß ich dies als entschieden unheilvoll,
weil widernatürlich, ansehe und vonvornherein dringend
rathe, man wolle einen Papagei, der nicht Wasser
bekommen darf, überhaupt niemals kaufen. Das
gebräuchliche Verfahren, in Kaffe oder Thee getauchtes
Weißbrot zu reichen, ist für den Vogel schädlich. Da

indessen fast alle, namentlich aber die Hamburger
Händler, den meisten Graupapageien kein Wasser
geben, sondern sie nur mit Weißbrot in Kaffe oder
Thee oder den beiden letzteren an sich erhalten,
so müssen wir dieser Thatsache wenigstens bis auf
weiteres Rechnung tragen. Ich rathe Folgendes.
Wenn der Händler den Papagei unter Gewähr des
Ersatzes für eine bestimmte Zeit abgibt, so möge
man ihn immerhin übernehmen, dann zunächst ganz
genau, wie es bisher geschehen, verpflegen, und erst nach
Ablauf der vereinbarten Frist von 4, 6 oder 8 Wochen,
nachdem er sich also entschieden lebensfähig gezeigt hat,
an Trinkwasser und trocknes Weizenbrot gewöhnen.
Dies führe man in der Weise aus, daß man den
Kaffe oder Thee allmählich immer mehr mit Wasser
verdünnt, und das Weißbrot immer weniger weichen
läßt, bis man zuletzt bloßes stubenwarmes Wasser
und trocknen Potsdamer Zwieback gibt. In der
ersten Zeit reiche man immer nur abgekochtes, an
freier Luft wieder erkaltetes Trinkwasser, auch niemals zuviel auf einmal, höchstens bis fünf Schluck
hintereinander und täglich etwa zweimal. Nach und
nach vermischt man, ganz ebenso wie beim Kaffe,
das gekochte Wasser immer mehr mit natürlichem,
aber nicht ganz frischem oder eiskaltem, sondern
solchem, welches etwa eine Stunde gestanden hat,
also stubenwarm ist. Auch wenn der Papagei bereits
völlig eingewöhnt ist, soll man ihm doch immer nur

verschlagnes, niemals eiskaltes, oder auch nur ganz frisches Trinkwasser reichen. Ausdrücklich weise ich auf den viel verbreiteten Irrthum hin, daß ein Vogel „abgestandnes Trinkwasser bekommen müsse oder dürfe"; dasselbe soll nur stubenwarm, nicht aber abgestanden, also luftler, schal und verdorben, sein.

Zähmung und Abrichtung. Die Nachahmungssucht und =Fähigkeit der Papageien erstreckt sich nicht bloß auf menschliche Worte, sondern auch auf allerlei andere Laute — und in dieser Begabung kann ein solcher Vogel höchst werthvoll, aber ebenso unaus=stehlich und daher werthlos werden. Im guten Sinne lernt er Worte nachsprechen und manchmal ebenso nachsingen, Melodien flöten oder pfeifen, selbst Lieder von Singvögeln mehr oder minder treu wieder=geben; im bösen Sinne nimmt er die gellenden Schreie aller anderen Vögel, die er hört, an, ahmt allerlei schrille Töne nach, wie den Hahnenschrei, Hundegebell, Thürknarren, das Pfeifen der Lokomotive, Kinder=weinen u. a. m. Aufgabe der Erziehung muß es sein, ihn ebenso von allem Widerwärtigen abzulenken, wie zum Angenehmen anzuleiten.

Manche Leute haben vonvornherein Widerwillen gegen die Papageien „ihres langsamen amphibien=ähnlichen Kletterns," „ihrer Falschheit, Tücke und Bosheit," „ihres nur zu argen Lärmens", kurz und gut vielerlei Unliebenswürdigkeiten wegen, — nach meiner festen Ueberzeugung aber, auf Grund lang=

jähriger Erfahrung und genauer Kenntniß, beruhen alle solchen Klagen nur in Vorurtheil, Unkenntniß, überhaupt in der Schuld des Besitzers selber. Schlimmer noch ist es, wenn Jemand sich einen Papagei hält, der kein wahrer Vogelfreund ist. Der stattliche Vogel im hübschen Bauer gilt ihm lediglich als Zimmerschmuck. Die Begabung desselben, Worte sprechen zu lernen, erfreut in der ersten Zeit; nachdem aber der Reiz des Neuen sich verloren hat, dient er wol nur noch dazu, besuchenden Freunden und Bekannten Spaß zu machen. Im übrigen wird er dem Besitzer immer mehr gleichgiltig, wol gar überdrüssig, man überläßt seine Verpflegung den Dienstboten — und damit ist sein Schicksal freudlos und beklagenswerth geworden; für den Besitzer erscheint er dann allerdings bald als ein unerträgliches Geschöpf. Jeder Papagei, insbesondre der hochbegabte und lebhafte, will lieben und geliebt sein, das ist eine Erfahrung, die der Liebhaber niemals vergessen sollte. Wer diese Hauptbedingung seines Wohlergehens nicht erfüllen kann, thut ein großes Unrecht daran, einen solchen Vogel anzuschaffen. Alle Mißgriffe aber, in der Erziehung ebenso wie in der Verpflegung, bringen dem Thier anstatt guter Eigenschaften im Gegentheil abstoßende bei. Eine ernste Wahrheit liegt in dem Ausspruch, daß, wer selber nicht gut erzogen ist, sich nicht anmaßen soll, Andere, gleichviel Menschen oder Thiere, erziehen zu wollen — und doch ruht die Abrichtung

oder „Dreſſur", wie man bezeichnend genug zu ſagen
pflegt, unſerer nächſten Freunde aus der Thierwelt,
unſerer innigſten Genoſſen unter den Hausthieren,
in der Regel in den Händen von rohen, oft nicht ein=
mal gutartigen und häufig genug unfähigen Menſchen.
Daher ſehen wir denn um uns her die vielen ver=
dorbenen Hausthiere: Hunde, die von Natur gut=
müthig und fügſam geweſen, in bösartige, biſſige
Köter verwandelt, Katzen falſch und hinterliſtig,
Papageien ſtörriſch, boshaft und als unleidliche
Schreier u. a. m. Andrerſeits darf ein wohlerzognes
Thier doch zweifellos als ein hochſchätzenswerther
Genoſſe des Menſchen, der ihm unter Umſtänden
im vollen Sinne des Worts ein Freund ſein und
unermeßlichen Werth für ihn haben kann, gelten.
Im Nachſtehenden will ich es verſuchen, Hinweiſe
zu geben, wie dieſes Ziel zu erreichen iſt.

Bis jetzt hat die Erfahrung etwaige Merkmale,
an denen man die mehr oder minder hohe Begabung
eines Vogels ohne weitres erkennen könnte, noch nicht
mit Sicherheit feſtſtellen laſſen. Wol vermag der Sach=
kundige einem Papagei es einigermaßen anzuſehen, ob
er ‚einſchlagen', alſo ſich begabt, leicht zähmbar und
gelehrig zeigen werde, wol zeugen Munterkeit und
Regſamkeit, ein lebhaftes, glänzendes Auge, Auf=
merkſamkeit auf Alles, was rings umher vorgeht
u. drgl. für die Annahme, daß wir einen „guten
Vogel" vor uns haben, allein volle Gewißheit können

wir darin doch nicht finden, denn es liegen Beispiele
vor, nach welchen solch' Papagei trotzdem störrisch
und dumm geblieben, während ein andrer, der anfangs
wie stumpfsinnig dagesessen, sich zum vorzüglichen
Sprecher ausgebildet hat. Die Geschlechtsunter=
schiede dürften in dieser Hinsicht bedeutungslos
sein, abgesehen davon, daß man sie bis jetzt bei den
Graupapageien kaum oder noch garnicht ermittelt
hat. Selbstverständlich ist es um so schwieriger,
einen Vogel einzugewöhnen und abzurichten, je älter
er vor dem Einfangen bereits geworden, und die erste
zu beachtende Regel beim Einkauf eines Sprechers,
den man in die Lehre nehmen will, lautet also, daß
derselbe für jeden Unterricht umsomehr empfänglich
ist, je jünger er in unsern Besitz gelangt. Doch
sind auch sogenannte alte Schreier, die im Handel
geringern Werth haben, noch vortreffliche Sprecher
geworden, freilich gewöhnlich erst, nachdem man
sie jahrelang in der Gefangenschaft gehalten. Als
Beispiel führe ich den Jako des Herrn Gymnasial=
direktor Neubauer in Rawitsch an, welcher im Alter
von nahezu 20 Jahren zu sprechen begann und mehr
als 200 Worte in drei Sprachen: deutsch, polnisch
und französisch, lernte. Jeder gelehrige Papagei pflegt
gleichzeitig mit der fortschreitenden Eingewöhnung
immer gefügiger zu werden und auch, jemehr er lernt,
desto seltner sein häßliches Naturgeschrei erschallen
zu lassen.

Die Händler zweiter und dritter Hand zähmen in der Regel jeden Papagei mit Gewalt. Mit starken, wildledernen Handschuhen ausgerüstet, packt der Mann den Vogel an den Beinen, zieht ihn unbekümmert um sein Kreischen und Beißen aus dem Käfig hervor, hält ihn auf dem Zeigefinger der linken Hand fest und streichelt ihn mit der rechten solange, bis er ruhig und zahm wird. Dazu gehört Muth, Geschick, Ausdauer und Geduld und namentlich völlige Nicht= achtung der durch die Bisse des Vogels verursachten, trotz der Handschuhe gar empfindlichen Schmerzen. Die zangenartige Gestalt des Papageienschnabels bringt bei heftigen Bissen Quetsch= und Rißwunden zugleich hervor, welche sehr schmerzhaft sind und schwierig heilen. Man hat sich vornehmlich vor hinterlistigem Beißen zu hüten. Um ihnen das Beißen abzugewöhnen, haut man sie gewöhnlich, sobald sie es versuchen, mit dem Zeigefinger auf den Schnabel; dies nützt indessen meistens doch nichts, und andrer= seits wird nicht selten dadurch der plötzliche Tod des Vogels herbeigeführt. Auch manche Liebhaber suchen in der beschriebnen Weise einen Papagei zu zähmen, weil sie dann, wenngleich mit größrer An= strengung, so doch rascher zum Ziel kommen; ich möchte indessen diesen Weg der Zähmung keinenfalls ohne weiteres empfehlen. Denn, wenn ein andres Verfahren auch langsamer und zeitraubender ist, so hat es doch den Vortheil, daß es zwischen dem

Menschen und dem Vogel ein liebevolles Verhältniß zustande bringt, während jene ‚Dressur‘ das Menschen= herz sicherlich nicht mild und sanft stimmen kann. Auch will es mir scheinen, als ob die Vögel, welche so mit Gewalt gebändigt worden, niemals zur rechten, vollen Zutraulichkeit gelangen, während im Gegensatz dazu die in Liebe und Freundschaft abgerichteten ihrem Herrn gewissermaßen verständnißvoll zugethan sind.

Zur Zähmung und Abrichtung muß der Lehr= meister ein gewisses Geschick besitzen; manche Leute vermögen eine derartige Aufgabe mit staunenswerther Leichtigkeit zu lösen, bei anderen dagegen, obwol sie reichere Erfahrungen und viel größere Kenntnisse haben, hält sie überaus schwer. Auch die äußere Erscheinung des Abrichters ist von Einfluß. Gegen Diesen zeigen allerlei Vögel sich sogleich furchtlos und sogar zutraulich, Jenem gegenüber aber selbst in jahrelangem Verkehr niemals ruhig und zahm. Man behauptet, daß für die Papageien, ähnlich wie für die Kinder, ein bärtiger Mann beängstigend sei, während sie, mindestens im allgemeinen, für Frauen und Kinder mehr Anhänglichkeit äußern.

Für eine rasche und vollständige Zähmung sind folgende Erfahrungssätze zu beachten: Der Papagei darf seinen Stand niemals höher, sondern er muß ihn stets niedriger als das menschliche Auge haben. Er ist immer so zu stellen, daß der Verpfleger, bzl. Lehrmeister, sich zwischen ihm und dem Licht befinde. Namentlich aber mache man ihn möglichst hilflos, denn jemehr er sich in die menschliche Gewalt gegeben fühlt, desto leichter wird er zahm und der Abrichtung zugänglich. Man bringe ihn also in einen recht engen Käfig oder setze ihn angekettet auf einen Ständer; beides erfordert jedoch Vorsicht.

Mehr als jedes andre Thier ist der hochbegabte Papagei einer Erkrankung, ja dem Tode durch Gemüthsbewegung ausgesetzt, sowol aus Angst und Erschrecken, wie aus Sehnsucht nach seinem Herrn, der ihn liebevoll behandelt und dann verkauft hat, oder nach einem gefiederten Genossen, ferner aus Erregung infolge von Zank und Streit mit Menschen oder Thieren. Man verhalte sich also beim Füttern, wie bei jedem Nahen immer gleichmäßig ruhig und freundlich und vermeide es, ihn durch plötzliches hastiges Herantreten zu erschrecken. Im ganzen Verkehr mit ihm, namentlich aber bei der Abrichtung, lasse man sich niemals zur Heftigkeit oder gar zu Zornausbrüchen hinreißen. Ferner darf man den Papagei niemals necken, im Scherz oder Ernst reizen, unnöthigerweise bedrohen oder gar strafen. Jede etwaige Bestrafung darf bei ihm nur bedingungsweise und von einem Abrichter angewendet werden, der volles Verständniß für sein Wesen und ausreichende Erfahrungen auf diesem Gebiet überhaupt besitzt.

Wenn ich auch von jeder harten Strafe durchaus absehe, und jede Behandlung, die an Thierquälerei nur streifen könnte, vonvornherein aus-
schließe, so muß ich doch zugeben, daß in gewissen
Fällen Bestrafung nothwendig ist. Zu allernächst
liegt solche dem Vogel gegenüber, welcher, obwol ein
hochbegabter Sprecher, doch vielleicht aus Ueber-
muth oder weil er schlecht gewöhnt worden oder
weil sein Besitzer sich zu wenig mit ihm beschäftigt,
zeitweise als arger Schreier lästig fällt. Das Be-
mühen, ihn im Guten zu beruhigen, ist meistens
vergeblich, harte Zwangsmaßregeln sind ebensowenig
anzuwenden, da in denselben die Gefahr liegt, daß
man dadurch einen bis dahin gutartigen, werthvollen Vogel verderbe und zum bösartigen Geschöpf
mache, und zwar ohne trotzdem den eigentlichen
Zweck zu erreichen. Stock oder Rute ist hier als
Erziehungsmittel völlig unbrauchbar; anstatt ihrer
muß man ein andres Zwangsmittel anwenden, das
einerseits mild sei und andrerseits doch nachdrücklich
genug wirke, das man vor allem aber dem Vogel
als eine Strafe verständlich zu machen vermag. Jeder
Papagei, den man schlägt, wehrt sich; er empfindet
die Schläge nicht als Strafe, sondern als Befehdung,
und auch deshalb sind diese bedenklich, weil der
Papagei sie als ihm widerfahrne Mißhandlung lange
im Gedächtniß behält, dem, der sie ihm zugefügt,
nachträgt, und dadurch das Zutrauen und zugleich

die Lernluft und Lernfähigkeit einbüßt. Selbst die
Bedrohung durch harte Worte, durch anschreien,
auf den Käfig schlagen u. f. w., kann den Vogel
verderben, ohne zu nützen. An einem, freilich dem
bedeutsamsten, Beispiel will ich erörtern, in welcher
Weise der Vogel lernen kann, Strafe von Unbill
zu unterscheiden. Haben wir einen recht begabten
und gut abgerichteten Papagei vor uns, so werden
wir ihn trotzdem nicht oder doch nur sehr schwierig
daran verhindern können, daß er zeitweise arg schreit
und lärmt; alle angeführten Bedrohungen nützen
garnichts, denn gleichsam hohnlachend sucht er sie
nachdrücklichst abzuwehren. Als wirksames Verfahren
rathe ich, ihn, bzl. seinen Käfig, zu verdecken. In
den meisten Fällen wird zwar auch dadurch kein Erfolg
erreicht, denn, wenn der Papagei auch im ersten Augen=
blick verstummt, so schreit er doch bald unter dem Tuch
wieder los. Darin liegt nun aber eben der Miß=
griff. Auf folgendem Wege gelangt man dagegen
sicherlich zum Ziel. Ein dickes, dunkles Tuch legt
man in der Nähe des Käfigs bereit, und sobald der
Papagei anfängt zu schreien, wird er plötzlich zu=
gedeckt, und der Käfig rasch ganz verhüllt, sodaß
er im Finstern sitzt; dann, nach einigen Minuten,
wird das Tuch wieder abgehoben. Beim Zudecken
ruft man ihm ein scheltendes Wort in drohendem
Tone zu, beim Abheben spricht man ihm wieder
liebevoll zu. Wiederholt man dies jedesmal, so wie

er zu lärmen beginnt, so begreift er bald, und es
bedarf zuletzt nur noch des Emporhebens oder wol
gar nur des Hinweises auf das Tuch unter drohen=
dem Zuruf, um ihn sofort vom Geschrei abzubringen.
Hier haben wir also den Vortheil, daß der Vogel
sich nicht zu wehren vermag, sondern die Strafe
ruhig über sich ergehen lassen muß und bald er=
kennen lernt, wodurch er sie vermeiden kann. Dem
Papagei auf dem Ständer gegenüber ist es freilich
kaum möglich, diese Strafe zur Anwendung zu bringen.

Bei der Zähmung sind unverwüstliche Ruhe und
gleichmäßig freundliches Wesen Hauptbedingungen des
Erfolges. Etwa ein bis zwei Wochen überlasse
man den Vogel ungestört sich selber. Sein eigner
scharfer Verstand wird ihm bald sagen, daß für sein
Leben keine Gefahr vorhanden ist, und sobald er
dann ruhig geworden, das dummscheue Wesen und
häßliche Geschrei abgelegt hat, fängt er an, seine
Umgebung zu beobachten. Er weiß Jeden, der es
gut mit ihm meint, von dem, der ihm wirkliche oder
vermeintliche Unbill zugefügt hat, also Freund und
Feind, bald und ebenso noch nach langer Zeit, zu
unterscheiden; er lernt seinen Wohlthäter schätzen,
wird zutraulich gegen ihn und ihm zugethan. Am
besten unterläßt man auch hier jede Zwangsmaß=
regel und bedient sich allenfalls nur einiger Kunst=
griffe, um eine raschere, vollständigere Zähmung zu
erreichen. Nachdem man ihm für einige Stunden

das Trinkwasser entzogen, hält man ihm dasselbe
oder auch besondere Leckerbissen so hin, daß er, um
dazu zu gelangen, nur über die Hand hinwegreichen
kann. Unschwer gewöhnt er sich so an diese, kommt
freiwillig auf den Finger, läßt sich dann auch das
Köpfchen krauen, nach und nach streicheln, zuletzt
völlig anfassen und hätscheln.

Herr Dr. Lazarus, einer der tüchtigsten Papageienkenner
und -Pfleger, schlägt etwas abweichend folgenden Weg vor:
„Sobald der frischeingeführte Papagei bei gleichmäßig liebevoller Behandlung, oft trotzdem erst nach Monaten, sich ruhiger
zeigt und zutraulich zu werden beginnt, indem er aufhört, bei
jeder Annäherung zu kreischen, vielmehr an das Gitter kommt
und wol gar den Kopf entgegenstreckt, wobei er jedoch noch
immer sehr scheu und ängstlich ist, darf man allmählich den
Versuch wagen, mit einem Finger vorsichtig seinen Oberschnabel
oder Kopf zu berühren. Nun versuche man, ihn zu krauen,
während man ihm einige zärtliche Worte sagt, besonders solche,
welche er vielleicht schon spricht. Dies thue man namentlich
in der Dämmerung und des Abends bei Licht; bald wird er
sich solche Liebkosungen gefallen und wol gar den Kopf in die
hohle Hand nehmen lassen. Stets führe man dergleichen aber
durch das Käfiggitter aus, durch welches man am Papagei-
bauer ja bequem langen kann, niemals reiche man mit dem
ganzen Arm durch die Käfigthür, weil der Papagei dadurch
beängstigt wird. Erst nach längrer Zeit, wenn er schon daran
gewöhnt ist, durch das Gitter sich ohne Scheu berühren zu
lassen, beginne man die Thür zu öffnen, damit er heraus-
komme, doch nur wenn es im Zimmer ganz ruhig ist; und
ebenso lasse man ihm vollauf Zeit, sich zu entschließen, auch
wenn es mehrere Stunden dauert, bis er heraus und auf das
Dach klettert. Bald wird er die Bewilligung dieser Freiheit

mit Ungeduld erwarten. Nun beschäftige man sich ausschließ= lich mit ihm, wenn er sich draußen befindet. Ist er soweit gezähmt, daß er Futter aus den Fingern nimmt, einen solchen mit dem Schnabel faßt ohne zu beißen, seinen Kopf in eine hohle Hand steckt, während man ihn mit der andern im Ge= fieder kraut, so muß er nun auch lernen, auf die Hand zu kommen. Dauert es zu lange, bevor er sich freiwillig dazu entschließt, so muß man, wie vorhin angegeben, Zwangsmaß= regeln anwenden, und im Verlauf einer Woche etwa bringt man ihn sicherlich dazu, dies freiwillig zu thun."

Bevor ich meinerseits praktische Anleitung zur eigentlichen Abrichtung gebe, muß ich einem häß= lichen, leider noch vielfach herrschenden Vorurtheil entgegentreten. Dasselbe betrifft das sog. Zungen= lösen, welches viele Leute noch für durchaus er= forderlich halten, andere dagegen als nothwendig ausgeben, um ihres Vortheils willen nämlich). Nur ungebildete Menschen können noch in dem Aber= glauben befangen sein, daß das Lösen der Zunge bei einem Vogel zum Sprechenlernen nothwendig sei; ich erkläre hiermit, daß es eine vollkommen überflüssige und sogar gefährliche Thierquälerei ist.

Zähmung und Sprachunterricht sollten stets gleichzeitig erstrebt werden. Erachtet man indessen die erstre nicht für nothwendig, so kann man den Papagei sogleich in einen geräumigen Käfig setzen, während dies sonst erst in einigen Wochen geschehen sollte.

Zur Abrichtung ist außer den S. 63 an= geführten Bedingungen vor allem Verständniß, liebe=

volle Theilnahme für die Vögel überhaupt, vor=
nehmlich aber Ruhe und Geduld, erforderlich.

An jedem Morgen und Abend, besonders in der
Dämmerung, sodann auch am Tage mehrmals, sagt
man dem Papagei, nachdem man ihn, falls er schon
schlummerte, in liebevollem Ton munter und auf=
merksam gemacht, zunächst nur ein Wort laut und
recht deutlich betont, wenn möglich immer in genau
gleicher, klarer und scharfer, nicht schnarrender,
lispelnder oder sonstwie schlechter Aussprache vor.
Man wähle ein solches mit volltönendem Vokal, a
oder o, und mit hartem k, p, r oder t und vermeide
die Zischlaute, besonders sch und z. Die Lehrmeister
in den Hafenstädten, bzl. schon die Matrosen auf den Schiffen,
bringen den Papageien gewöhnlich die Worte Jako, Koko, Lora,
Hurrah, Rorirora, dann weiter, wackre Lora, Papa u. a. m., bei.
Ein Graupapagei, den ich schon längre Zeit besessen und, weil
er garnichts annehmen gewollt, als untauglich zum Sprechen
für einen Züchtungsversuch bestimmt hatte, sprach die Worte
„Herr Doktor“, welche das Dienstmädchen beim Anmelden von
Fremden gerufen, plötzlich nach. Die Erfahrung ergibt
übrigens, daß jeder Papagei von einer ihm wol
melodischer klingenden Frauenstimme leichter lernt,
als von der rauhen eines Mannes, doch darf man
keineswegs glauben, daß letztres garnicht geschehe.

Eine absonderliche Eigenthümlichkeit äußert sich
bei manchem Graupapagei darin, daß er sich nur
gegen Frauen liebenswürdig und für deren Unter=
richt empfänglich zeigt, jedem Mann gegenüber aber

mehr oder minder bösartig. Ein solcher sog. Damen=
vogel kann unter Umständen höhern Werth haben,
da er sich vornehmlich zum Geschenk eignet. Bei
anderen Papageien ist es wiederum genau umgekehrt;
sie sind „Herrenvögel“. Die Annahme, daß die
Damenvögel zumeist Männchen, die Herrenvögel
Weibchen seien, ist durch die Erfahrung widerlegt.

Während der Sprachabrichtung ist der Vogel
vorzugsweise gut zu behandeln, damit er zutraulich
werde und besonders nicht bei jeder Annäherung
eines Menschen erschrecke oder doch ängstlich und
scheu sei, sondern recht ruhig und aufmerksam sich
zeige, sodaß er von vornherein mit einem gewissen
Verständniß auf den Unterricht merke. Dieser sollte
wirklich ein solcher und nicht eine bloße Abrichtung
zum Nachplappern einzelner Worte sein; der Papagei
muß eine bestimmte Vorstellung für das Gesagte
erlangen, sodaß er sich der Begriffe von Zeit, Raum
und anderen Verhältnissen und Dingen bewußt werde.
Man sagt ihm früh „guten Morgen“, spät „guten
Abend“ oder „gute Nacht“ vor, ebenso „guten Tag“
oder „willkommen“ bei der Ankunft und „lebwohl“
beim Fortgehen; man klopft an und ruft „herein“;
man zählt ihm Leckerbissen zu: eins, zwei, drei,
oder nennt ihm deren Namen, wie Nuß, Mandel,
Apfel: man lobt ihn, wenn er artig und folgsam
ist, und tadelt ihn, wenn er sich eigensinnig zeigt
oder nicht gehorchen will. All' dergleichen begreift

ein begabter Vogel sehr bald, und es ist manchmal
erstaunlich, mit welchem Scharfsinn und mit welcher
Sicherheit er derartige Verhältnisse kennen und unter=
scheiden lernt. Auch bei der Abrichtung zum Nach=
singen eines oder mehrerer Lieder, sowie zum Nach=
flöten von Melodieen ist sorgsam darauf zu achten,
daß der Unterricht, gleichviel ob er im letztern Fall
bloß mit dem Munde oder mit einer Flöte ausgeführt
werde, stets in gleicher Tonart geschehe; jeder unreine
oder Mißton ist zu vermeiden.

Den sachgemäßen Sprachunterricht soll man wie
erwähnt mit leichten, einfachen Worten anfangen
und allmählich zu schwereren übergehen. Erst wenn
er ein Wort sicher aufgefaßt hat, darf man ihm
das zweite vorsprechen. An jedem Tag, mindestens
aber von Zeit zu Zeit, wiederhole man alles,
was der Vogel bisher gelernt hat, gewissermaßen
vom Abc an, und erst sobald man sich davon
überzeugt, daß er alles taktfest inne hat oder
nachdem man ihm dies oder das Entfallene wieder
beigebracht, spreche man ihm Neues vor. Dabei
vermeide man, nachzuhelfen, wenn der Vogel übt
und inmitten des Wortes oder Satzes stecken bleibt;
er würde dadurch leicht eine falsche doppelsilbige
Aussprache annehmen. Man warte vielmehr stets,
bis er schweigt, und spreche ihm dann das betreffende
Wort oder den Satz nochmals klar und scharf be=
tont vor. Um ihn von häßlichen, widerwärtigen

Redensarten, Worten oder Lauten überhaupt zu
entwöhnen, unterlasse man es, über dergleichen zu
lachen, denn das würde ihn nur dazu ermuntern,
desto eifriger gerade solche Unarten zu üben — in
gleicher Weise wie es bei Kindern der Fall ist. Nur
dadurch kann er sie vergessen, daß sie in seiner
Gegenwart niemals wiederholt oder auch nur er=
wähnt werden, daß man vielmehr, sobald er sie aus=
zusprechen beginnt, ihn sofort mit einem andern,
erwünschten Wort unterbricht, und dies solange
wiederholt, als er jene Unart ausübt. Nothwendig
ist es, daß man sich sowol mit dem noch in der
Abrichtung befindlichen als auch mit dem bereits
tüchtigen Sprecher möglichst viel beschäftigt, ein=
gedenk dessen, daß Stillstand in allen Dingen Rück=
schritt bedeutet, daß also bei mangelnder Uebung
auch der beste, hochbegabte Vogel in Gefahr ist,
„zurückzugehen", bzl. das Erlernte zu vergessen,
zu verwildern oder wol gar stumpfsinnig zu werden
und also an Werth zu verlieren. So, Schritt für
Schritt lehrend, hat man die Gewähr, daß der Papagei
wirklich ein tüchtiger Sprecher werde.

Die Begabung ergibt sich als außerordentlich
verschiedenartig. Der eine Papagei begreift schwer,
erfaßt ein neues Wort erst nach längrer Uebung,
behält es dann aber auch und hat alles fest inne,
was ihm überhaupt gelehrt worden; ein zweiter
schnappt alles rasch auf, lernt ein Wort wol gar

beim erstenmal nachsprechen, vergißt es jedoch leicht
wieder; ein dritter nimmt gut auf und bewahrt zugleich
ebenso; ein vierter lernt garnicht oder doch nur wenig;
ein fünfter hat keine Anlage, Worte nachzusprechen
(doch kommt dies beim Graupapagei nur äußerst selten
vor), kann dagegen vortrefflich Melodieen nachflöten
oder nachsingen; ein sechster ahmt das Krähen
des Hahns, Hundegebell, das Knarren der Wetter-
fahne und allerlei andere wunderliche Laute täuschend
nach, schmettert auch wol den Schlag des Kanarien-
vogels u. s. w., vermag aber ebenfalls kein mensch-
liches Wort hervorzubringen. Eine Hauptaufgabe
für den Lehrmeister ist es, daß er beizeiten die
besondre Begabung eines jeden Vogels entdecke und
ihn derselben gemäß zur höchstmöglichen Ausbildung
bringe. Für den Kenner und geübten Abrichter
sprachbegabter Papageien liegt hierin gewissermaßen
ein Maßstab zur Abschätzung, freilich nur für den
Fall, daß er imstande ist, ein sichres Urtheil inbetreff
eines jeden einzelnen Vogels zu gewinnen. Selbstverständlich steht an Werth der in der verschiedenartigen Begabung als dritter genannte Papagei hoch
obenan, und bei sachverständiger Ausbildung kann derselbe einen außerordentlich bedeutenden Preis erlangen;
ein derartiger reichbegabter Vogel kommt aber nur
verhältnißmäßig selten vor. Als der zunächst stehende
in der Werthreihe darf der ersterwähnte Papagei
gelten, denn wenn seine Abrichtung auch größre Mühe

und Ausdauer erfordert, so gewährt er doch den Vor=
theil, daß er dem vorigen nahezu gleichkommen kann.
Der zweitangeführte Papagei könnte bedingungsweise
einen fast ebenso hohen Werth, als der dritte oder
doch einen höhern als der erste erreichen, für einen
Liebhaber nämlich, dem das immerwährende, ganz
gleichmäßige Nachplappern einunddesselben Worts, bzl.
derselben Redensarten, langweilig und zuwider wird.
An den wechselnden, immer neuen Leistungen dieses dann
ja auch reichbegabten Vogels, kann man viel mehr
Vergnügen, als an denen anderer haben. Zu recht
werthvollen Vögeln sind unter günstigen Umständen
auch die Papageien auszubilden, welche ich als den
fünften und sechsten genannt habe. Ihnen gegenüber
kommt es vor allem darauf an, die absonderliche
Seite ihrer Begabung mit Sicherheit zu ermitteln.
Immerhin wird man also gut daran thun, daß man
einem solchen Vogel, bei dem der Sprachunterricht auf
große Schwierigkeiten zu stoßen scheint, hin und wieder
eine Strofe vorflötet oder singt, und ihm, wenn er die=
selbe auch nicht annimmt, ferner die Gelegenheit dazu
gibt, den Hahnenschrei oder das Bellen eines Hundes
oder auch das Lied eines Singvogels, insbesondre
einen lauten, lebhaften Schlag, zu hören. Schließlich
kann auch ein sorgfältig ausgebildeter sogenannter
Faxenmacher, der freilich unter den Graupapageien
nur höchst selten vorkommt, in allerlei erlernten
drolligen Leistungen immerhin seinen dankbaren Lieb=

haber finden. Wie schon vorhin gesagt, glaube ich
behaupten zu dürfen, daß jeder Graupapagei bei
sachgemäßer Behandlung und Abrichtung wenigstens
etwas sprechen lernen wird. Jeder Papagei, der
bald, wol gar schon in den ersten Tagen des Unterrichts ein oder einige Worte annimmt, wird jeden-
falls sich unschwer zum tüchtigen Sprecher ausbilden
lassen; bei einem andern, der allen guten Einflüssen
hartnäckig zu widerstreben scheint, muß der Abrichter
ausreichendes Verständniß für sein absonderliches
Wesen zu gewinnen suchen, um ihn dann in angemeßner Weise anzuregen, seine Begabung zu wecken
und dieselbe auszubilden. Man behauptet, daß es
Graupapageien gibt, die niemals rein und klar, sondern
nur lispelnd, heiser oder schnarrend sprechen lernen;
nach meiner Ueberzeugung liegt dies jedoch immer
in der Schuld des Lehrmeisters. Uebrigens lasse
man sich keinenfalls sogleich entmuthigen, wenn ein
Papagei das oder die ersten Worte trotz des klarsten
Vorsprechens undeutlich wiedergibt; dies ist nämlich
anfangs bei den meisten der Fall, und erst nach
mehr oder minder langer Uebung bringen sie das
Wort voll und klar hervor.

Wohl zu beachten ist, daß selbst der vollständig
eingewöhnte Papagei gegen jede Veränderung in der
Fütterung und Wartung, in der Behandlung oder
in den Wohnungsverhältnissen, überaus empfindlich
sich zeigt; er kann bei solcher Gelegenheit so auf-

geregt und verdrießlich werden, daß er für lange Zeit verstummt. Darin ist auch die Ursache dafür zu suchen, daß die meisten sprechenden Papageien beim Verkauf aus einer Hand in die andre zunächst keineswegs ihre werthvollen Eigenthümlichkeiten kundgeben, und hierin liegt es wiederum begründet, daß es kaum möglich ist, auf den Ausstellungen die hervorragendsten Sprecher zu prämiren; mindestens herrscht die Gefahr für die Preisrichter, eine Ungerechtigkeit zu begehen, indem nämlich der eine Sprecher sich bald in die neuen Verhältnisse findet und also seine Kenntnisse zeigt, während der andre, vielleicht weit werthvollere, hartnäckig sich weigert, das geringste hören zu lassen. Mancher hochbegabte und vorzüglich abgerichtete Papagei spricht niemals in Gegenwart eines Fremden, und da er infolgedessen einen geringern Werth hat, so sollte man vonvornherein jeden Papagei so abrichten, daß er durch die Anwesenheit fremder Personen sich nicht beeinflussen läßt.

Inbezug auf den Gesangunterricht der Papageien gibt Frau Baronin von Jena in meiner Zeitschrift „Die gefiederte Welt" den folgenden beherzigenswerthen Hinweis: Oft ist laut Anzeige ein sprechender Papagei verkäuflich, welcher auch „Lott' ist todt" oder „Eins, zwei, drei, an der Bank vorbei" oder einen noch viel schlimmern Gassenhauer singen kann. Unter fünfzig derartigen Anzeigen haben wir kaum eine vor uns, die ein andres als ein gemeines und unschönes Lied als Leistung des Vogels angibt. Da darf ich wol mit einer gewissen Berechtigung fragen, warum die Abrichter unserer gefiederten Lieblinge sich keine anderen, schöneren Aufgaben für diese Vögel stellen! Auf eine solche Frage erhielt ich den Bescheid, daß die Papageien meistens schon während der

Seefahrt von den Matrosen abgerichtet würden, und daß sich der Liederschatz der letzteren eben nicht viel weiter erstrecke, als auf die todte Lotte u. drgl. Ob dies für alle Fälle richtig ist, lasse ich dahingestellt sein. Heutzutage, bei der starken Nachfrage und der im Großen betriebnen Einfuhr, müßte der Händler doch selbst für die Ausbildung der reichbegabten Vögel sorgen. Wieviele schöne Volkslieder besitzen wir! Sollten Weisen wie „Aennchen von Tharau", „Ach, wie ist's möglich denn", „Ich hatt' einen Kameraden" u. a. m. nicht ebenso leicht und erfolgreich dem Vogel zu lehren sein, wie der erwähnte gemeine und meistens zugleich unschöne Singsang? Wieviel lieber würde man einen solchen Papagei theurer bezahlen, als jenen erstern! Hoffentlich wird hierin bald eine Wendung zum Bessern eintreten."

Die großen Vogelhandlungen in den Hafenstädten lassen häufig Papageien, welche sie für vorzugsweise gelehrig halten, von gewissen, darin geübten und viel erfahrenen Leuten unterrichten, welche aber leider oft ungebildete Menschen sind, von denen die Vögel immer nur gemeine und unschöne Worte und Redens= arten lernen, und zwar in breiter, häßlicher Aus= sprache, oft lispelnd, schnarrend oder sonstwie un= deutlich, zuweilen auch mit einer häßlichen, schmutzigen Redensart verquickt. Beim Sprachunterricht ver= dient die Anregung der Frau Baronin von Jena sicherlich die gleiche Beachtung.

Folgendes bei den Händlern und Papageilehrern in den Hafenstädten nicht selten eingeschlagne Ab= richtungs=Verfahren kann ich keinenfalls anrathen. Man verhängt den Käfig während der ganzen Zeit des Unterrichts mit einem Tuch, sodaß der Papagei, ebenso wie der junge Kanarienvogel im Gesangskasten, im Dunkeln sitzt und so bei Verhinderung jeder Störung und Zerstreuung ausschließlich auf seine Sprachstudien angewiesen ist. Für empfehlenswerther

halte ich es, einen gezähmten, gesitteten und bereits
sprechenden Papagei neben den wilden störrischen
zu bringen. Als kluger Vogel wird er einsehen, daß
dem Genossen nichts Böses geschieht, sich beruhigen
und seine Wildheit manchmal bald ablegen, auch
von jenem ungleich leichter die Nachahmung mensch=
licher Worte u. a. annehmen. Im Gegensatz dazu
vermeide man es, beim Beginn des Unterrichts zwei
oder mehrere rohe Papageien in einem oder in an
einander stoßenden Zimmern zu halten, weil sie sich
gegenseitig stören und zum Kreischen aufmuntern.

Wer einen hervorragenden Sprecher vor sich hat,
gelangt wol unwillkürlich zur wahren Begeisterung
für das hochbegabte Thier. In solcher haben sich
manche Schriftsteller dazu hinreißen lassen, gar sonder=
bare Schilderungen der Leistungen zu geben. „Nur
zu oft," sagt Rowley mit Bezug hierauf, „hat man
den Versuch gemacht, dem Vogel das volle, klare
Verständniß der gesprochenen Worte beizumessen,
ohne zu bedenken, daß die Parteilichkeit des Besitzers
sich selber täuscht — denn der Wunsch ist oft
der Schöpfer der Vorstellung". Die derartige
überschwängliche Auffassung kann man vermeiden,
wenn man einfach auf dem Boden der Thatsächlichkeit
stehen bleibt. Man halte immer daran fest, daß
der Papagei wol Verstand, aber nicht Ver=
nunft in dem Maß wie der Mensch hat, daß
er denken und auch urtheilen, aber nicht wie wir

seelisch fühlen, empfinden kann. Es würde ein schweres Unrecht sein, wollte man behaupten, daß der Papagei die Worte bloß mechanisch nachplappern lerne, ohne eine Vorstellung von ihrer Bedeutung zu haben. Wie rührend weiß er zu bitten, wenn er einen Lecker-bissen zu erlangen wünscht, wie ärgerlich kann er schelten, wenn er denselben nicht bekommt, wie jubelt er vor Freude, wenn seine Herrin nach langer Abwesenheit zurückkehrt und wie herzig ruft er willkommen! Beim Fortgehen wird er stets lebwohl und nicht willkommen sagen, und wenn Jemand anklopft: herein, wenn er etwas wünscht: bitte, und wenn er es erhalten: danke! Wie aufmerksam lauscht er auf den Unterricht und wie bezeichnend weiß er seiner Freude Ausdruck zu geben, wenn er etwas Neues gelernt hat! Das sind That-sachen, die Niemand bestreiten kann, sondern Jeder bestätigen muß, der einen solchen Vogel genau beobachtet hat. Durch seine Sprachbegabung erhebt sich der Papagei nicht allein hoch über andere Thiere, sondern auch durch geistige Anlagen — nur der Hund dürfte ihm hierin gleichkommen — tritt er dem Menschen vorzugsweise nahe.

Mit dem Fortschreiten des Unterrichts ergibt sich selbstverständlich eine bedeutende Werthsteigerung. Ein Graupapagei, den man im rohen Zustand für 15, 20, 24 bis 30 ℳ eingekauft hat, wird, wenn er ein oder zwei Worte spricht, mit der doppelten Summe, bei mehreren Worten mit 60 bis 75 ℳ, bei einem oder einigen Sätzen aber bis 200 ℳ und bei weitrer Abrichtung steigend mit 300 ℳ und weit darüber, wol gar bis 1000 ℳ, bezahlt.

Züchtung. Streng genommen dürfte dieses letzte Kapitel garnicht mit in das Buch vom Graupapagei hineingehören, denn nur höchst selten wird ein Liebhaber ein Pärchen solcher kostbaren sprechenden Papageien für einen Züchtungsversuch bestimmen. Wir finden denn auch in der gesammten Literatur nur äußerst wenige thatsächliche und stichhaltige Mittheilungen über glückliche derartige Erfolge. Allerdings berichtet schon Buffon von solchen. Herr de la Pigonière in Marmonde in Agenois besaß ein Par Graupapageien, welche fünf oder sechs Jahre hindurch in jedem Frühling eine Brut gemacht hatten, aus der Junge gekommen waren, die von den Alten stets gut aufgezogen worden. Jedes Gelege bestand aus vier Eiern, unter denen immer drei gute und ein unbefruchtetes waren. Zur Brut wurden die beiden Vögel in ein Zimmerchen gesetzt, worin nichts andres als eine kleine Tonne war, aus welcher der eine Boden herausgenommen worden. Innen und außen an der Tonne hatte man Stäbe angebracht, sodaß das Männchen nach Belieben hinein- und herausklettern und zum Weibchen gelangen konnte. Man durfte übrigens nicht anders als mit Stiefeln in diese Kammer gehen, um die Beine vor den Schnabelhieben des Männchens zu sichern, welches in großer

Erregung auf Alles loshackte, was dem Weibchen
zunahe kam. Auch Mr. P. Labat in Paris erzählt,
daß seine beiden Graupapageien zu verschiedenen
Malen Junge aufzogen. Beachtenswertheres be=
richtet der bekannte Züchter Lord Ch. Buxton, der
zu Ende der sechziger Jahre auf seinen Gütern in
der Grafschaft Surrey eine Anzahl der verschieden=
sten Papageien freifliegend hielt und darunter auch
ein Pärchen Graupapageien besaß, die i. J. 1870
zur Brut schritten und glücklich drei Junge auf=
brachten. Näheres über diese letzteren ist leider jedoch
auch nicht angegeben worden. Als den allerinteressan=
testen Züchtungsversuch muß ich den der Frau I.
Gorgot in Berlin erwähnen, den sie in der „Ge=
fiederten Welt" mitgetheilt hat. Ihr Pärchen,
beides vorzüglich sprechende Graupapageien, wurden
in den Jahren 1893 und 1894 in einem besondern,
auch mit einem Tönnchen, sowie einer Kiste und einem
eigentlichen Nistkasten zugleich ausgestatteten Zimmer
gehalten, wo sie jedesmal eine Brut mit drei Eiern
machten und diese fleißig, jedoch leider erfolglos,
bebrüteten. Eibeschreibung: eiförmig, reinweiß, feinkörnig,
mit wenig Glanz, 41—42 mm × 28,5—29 mm.

Gesundheitspflege und Krankheiten.

Gesundheitspflege. Die Hauptaufgabe des Lieb=
habers muß es sein, einem solchen werthvollen Vogel
in jeder Hinsicht ein so behagliches Dasein als irgend
möglich zu schaffen. Dazu bedarf es aber nicht
allein einer zweckmäßigen Wohnstätte, angemeßner
und bester Fütterung, aufmerksamer und liebevoller
Behandlung, sondern auch sorgsamster Gesundheits=
pflege. Die letztre bedingt vor allem, daß der Sprecher
bewahrt werde vor jedem bedrohlichen Einfluß, nament=
lich Zugluft, Naßkälte, plötzlichen und starken Wärme=
schwankungen, zu starker, stralender Ofenhitze, sengen=
den Sonnenstralen, zu trockner, dunstiger, staubiger,
mit schädlichen Gasen, Petroleumdunst u. a. erfüllter
oder sonstwie verdorbner Luft, schlechtem oder un=
passendem Futter, verunreinigtem Wasser, Unrein=
lichkeit und Vernachläßigung überhaupt; auch
Tabaksrauch zähle ich dazu, obwol die Erfahrung
lehrt, daß ein Papagei sich zuweilen an die schwüle,
rauch= und dunstgeschwängerte Luft eines vielbesuch=
ten Wirthshauses gewöhnen und darin lange Zeit
ausdauern kann.

Einen Graupapagei sollte man, selbst wenn er
sich bereits seit Jahren in unserm Besitz befindet,
auch bei gutem, windstillem Wetter niemals vor ein
offnes Fenster stellen, weil dort Zugluft unver=

meidlich ift. Will man ihn ins Freie bringen —
und das ift ihm in der That fehr wohlthuend —,
fo darf es nur unter äußerfter Vorficht gefchehen.
Das Wetter muß warm und windftill fein, und
dann muß man einen Ort wählen, an welchem er
vor jeder Luftftrömung, fowie gegen die unmittelbaren
glühenden Sonnenftralen gefchützt ift; ebenfo ift
Nachtluft und Nebel zu vermeiden. Oft erkrankt
ein Papagei trotz aller Vorforge an Schnupfen,
Hals= oder Lungenentzündung, ohne daß man die
Urfache feftftellen kann. Da hat ihn wol kalter Zug
getroffen, der aus einem Nebenzimmer beim Oeffnen
der Thür oder aus einer unbemerkten Thür= oder
Fensterfpalte gerade nach der Stelle hinftrömt, wo der
Käfig fteht. Jede Thür bringt beim Auf= und Zu=
klappen Zugluft hervor, welche manchmal auf weite
Entfernung und nach einer Richtung hin, wo man es
nicht erwartet, empfindlich wirkt. Für den Papageien=
käfig, bzl. =Ständer, muß daher der Standort in
jedem Zimmer mit großer Umficht gewählt werden.

Am fchlimmften ergeht es dem Papagei gewöhnlich
morgens beim Reinigen der Zimmer, wo er nicht
allein der Zugluft, fondern auch der von aufgewirbeltem
Staub erfüllten naßkalten Luft und namentlich zu
fchnellen Wärmefchwankungen ausgefetzt ift, indem
beim Lüften der eifige Hauch einftrömt, während
der Vogel nicht genügend gefchützt ift. Das Ver=
decken, felbft mit einem recht dicken Tuch, ift nicht

ausreichend, man soll vielmehr den Käfig immer vor der Zimmerreinigung in eine andre, gleichwarme Stube bringen. Eine arge Erkältung, an die man kaum denkt, kann dadurch hervorgerufen werden, daß Jemand aus kalter, freier Luft oder einem ungeheizten Zimmer kommend, plötzlich an den Käfig tritt, wie dies beim Füttern wol geschieht. Wenn der Papagei dann plötzlich und anscheinend ohne Veranlassung schwer erkrankt, schiebt man es auf „die Weichlichkeit solcher Vögel", während von dieser doch, bei verständnißvoller Eingewöhnung und wirk= lich zweckmäßiger Pflege, garnicht die Rede sein kann.

Zu den schädlichsten Einflüssen gehört auch hohe, stralende, trockne Wärme, vornehmlich in einem nicht genügend gelüfteten Zimmer, während der gesunde Graupapagei niedere Wärmegrade, selbst bis etwa 5 Grad Kälte, ohne Gefahr ertragen kann, wenn nur jeder schnelle Uebergang vermieden wird. Am zuträglichsten ist für ihn freilich gewöhnliche Stubenwärme, also 14 bis 15 ° R.

Viele Papageienpfleger verhängen während der Nacht den Käfig mit einem Tuch. Man kann dies immerhin thun, namentlich bei frisch eingeführten, also noch nicht eingewöhnten Vögeln, ferner in einem Zimmer, das sich zur Nacht bedeutend abkühlt oder in welchem der Sprecher bis spät abends durch vielen Verkehr beunruhigt und gestört wird. Keinenfalls darf man den Vogel aber dadurch verweichlichen;

man wähle also kein dickes wollenes Tuch; wenigstens
benutze man für den Sommer nur ein ganz leichtes.
Ich empfehle Sackleinewand oder sorgsam gereinigte
Säcke von starkem Hanf oder drgl.; diese sind im
Sommer nicht zu warm, während sie doch genügen,
im Winter die Kälte abzuhalten; außerdem sind sie
noch insofern besonders geeignet, als die Vögel nicht
leicht, wie bei losen Woll- und Baumwollstoffen,
Fasern abnagen und hinabschlucken können.

Vorzugsweise großer Sorgfalt bedarf die Pflege
des Gefieders. In diesem bildet und sammelt
sich Federnstaub oft in beträchtlicher Menge an,
und auch deshalb muß der Papagei einen möglichst
großen Käfig haben, damit er flügelschlagend den
ganzen Körper ordentlich auslüften kann, wodurch
der Staub entfernt wird. Andernfalls muß man ihn
daran gewöhnen, daß er täglich auf dem beschriebnen
Sitzplatz oberhalb des Bauers sich genügend aus-
schwinge; noch besser läßt man ihn auf dem Finger
flügelschlagend sich auslüften. Hat man einen bissigen,
unbändigen Vogel, den man nicht aus dem Käfig
freilassen darf, oder der freiwillig nicht hervorkommen
will, so wende man zweckmäßige Federnpflege an.
Wird der Federnstaub garnicht entfernt, so kann er
durch Verstopfen der Poren Unterbrechung der Haut-
thätigkeit und damit Geschwüre, innere Krankheiten
oder arges Jucken hervorbringen, welches letzte
dann wol zu dem unseligen Selbstrupfen führt.

Die Händler benässen den ganzen Körper ver=
mittelst des Mundes entweder bloß mit lauwarmem
Wasser oder mit solchem, unter das Rum oder Kognak
gemischt ist. Der Liebhaber dagegen beginne eine
sachgemäße Haut= und Gefiederpflege, sobald der
Papagei sich nach der Ankunft völlig beruhigt und
einigermaßen eingewöhnt hat, wozu er vier bis sechs
Wochen bedarf. Für gewöhnlich genügt ein Bad
etwa alle vier Wochen einmal, bei heißem Wetter
im Sommer aber, oder wenn der Papagei sich selbst
rupft und eine volle Federnkur durchzumachen hat,
muß das folgende Verfahren zweimal wöchentlich
und im ganzen 4 bis 6 Wochen hindurch angewendet
werden. An zwei Tagen in der Woche (Montag
und Donnerstag) in der Mittagstunde, wenn es
gleichmäßig warm im Zimmer ist, durchpuste man
dem Vogel mit einem kleinen Blasebalg die Federn
gründlich bis auf die Haut. Anfangs wird er sich
ängstigen, bald aber sich daran gewöhnen, denn es
bringt ihm Wohlbehagen sowol in der kühlenden
Wirkung als auch in der Entfernung des Federn=
staubs. An zwei anderen Tagen in der Woche
(Mittwoch und Sonnabend) wird der Papagei, eben=
falls in der Mittagstunde, vermittelst einer kleinen
Blumenspritze mit Siebtülle gründlich abgespritzt.
Man nimmt reines stubenwarmes (s. S. 57) Brunnen=
oder Flußwasser und mischt auf ein Wasserglas voll
einen kleinen Eßlöffel voll gutes reines Glyzerin und

ein Schnaps= oder Spitzgläschen voll guten Kognak
dazu. Bei diesem Abbaden stellt man den Käfig mit
dem Vogel ohne Schublade in eine Wanne und be=
spritzt ihn von allen Seiten, sodaß der ganze Körper
gut benäßt wird. Auch hier wird der Papagei sich
anfangs fürchten, doch bald daran gewöhnen. An
heißen Sommertagen darf man als Bad auch einen
Gewitterregen benutzen. In jedem Fall aber muß
man den Vogel beim Baden und nach demselben
gegen Erkältung, insbesondre durch Zugluft, sorgsam
hüten, er muß also in Stubenwärme von mindestens
15 Grad R. stundenlang oder doch bis zum völligen
Abtrocknen des Gefieders verbleiben; auch ist es
rathsam, währenddessen den Käfig leicht zu verdecken.
Mit diesem Baden allein ist aber die Gefiederpflege
noch nicht erschöpft, sondern der Papagei muß auch
zuweilen im Sande paddeln und sich darin abbaden
können; die meisten thun es mit großem Eifer. Der
Sand muß die S. 56 erwähnte gute Beschaffenheit
haben und völlig trocken und staubfrei sein.

Bedingungsweise schon zu den Krankheiten gehört
die Mauser oder der Federnwechsel. Die Er=
fahrung hat gelehrt, daß die großen Papageien bei
uns keine regelmäßige alljährliche Mauser durch=
machen, sondern daß die wohlthätige Erneuerung
des Gefieders lange Zeit, oft Jahre, währt, und
man hat es noch nicht feststellen können, ob dies
naturgemäß begründet oder nur eine Folge unrichtiger

Behandlung sei. Gleichviel aber — die Papageien=
pfleger müssen diesem Umstand Rechnung tragen.
In der Regel bleibt nichts weiter übrig, als daß
man, wenigstens bei älteren Papageien, die alten
festsitzenden Stümpfe abgestoßener oder ver=
schnittener Federn gewaltsam entfernt, doch muß
dies mit großer Vorsicht und Sorgsamkeit geschehen.
Man zieht, nöthigenfalls mit einer kleinen Kneif=
zange, etwa alle vier bis sechs Wochen abwechselnd
an der einen und dann an der andern Flügelseite
und späterhin gleicherweise am Schwanz jedesmal
einen Stumpf geschickt und rasch aus, und dabei
muß man sich inachtnehmen, daß man den Vogel
an der betreffenden Stelle oder sonstwo am Körper
nicht drücke oder beschädige. Sollte die Stelle trotz=
dem blutig werden, so betupfe man sie mit einem
Gemisch von je 1 Theil Arnika=Tinktur und Glyzerin
mit 10 Theilen Wasser. Starke Blutungen, das
sei hier gleich bemerkt, stillt man durch Bepinseln mit
Eisenchloryd=Flüssigkeit (Liquor ferri sesquichlorati),
1 Theil mit 100 Theilen Wasser verdünnt, und
Auflegen von frisch gebrannter Lunte aus reiner
Leinewand. Auch beim Papagei muß man hartes
festes Anpacken (eigentlich Anfassen überhaupt) mög=
lichst vermeiden, vor allem hüte man sich, eine frisch
hervorsprießende Feder mit noch blutigem Kiel ab=
zubrechen oder auszuzupfen. Dadurch würde einer=
seits das Gefieder häßlich und andrerseits könnte die

Gefahr einer starken Blutung und Entkräftung ein=
treten. Rathsam ist es, daß man das Ausziehen
der Federnstümpfe, sowie jede andre schmerzhafte
oder auch nur unangenehme derartige Behandlung
niemals selber ausführe, sondern dies von einer
fremden, jedoch durchaus zuverlässigen, nicht rohen
und ungeschickten, sondern wenn möglich in dergleichen
geübten Person thun lasse. Dieses Entfernen der
Federnstümpfe muß jedoch nicht allein des schönern
Aussehens wegen, bzl. um die möglichst baldige
Erneuerung der Schwingen und Schwanzfedern an
sich zu erreichen, geschehen, sondern es ist auch zur
Erhaltung oder Herbeiführung des naturgemäßen
Gesundheitszustands überhaupt nothwendig. Wenn
der Papagei infolge der Einflüsse der Gefangenschaft
lange Zeit im schadhaften Gefieder verbleibt, so liegen
darin mancherlei Gefahren, und man sucht daher
durch das Auszupfen der Federn eine künstliche
Mauser hervorzurufen. Keinenfalls aber darf man
das Auszupfen der Stümpfe zu früh, also bei einem
noch nicht völlig eingewöhnten Vogel, unternehmen.

Auch vergesse man nicht, daß die jeder ausgezupften
Feder entsprechende, am andern Flügel oder an der
andern Schwanzseite befindliche, meistens von selber
ausfällt, daß es also eine unnütze Mühe und Quälerei
für den Vogel sein würde, wenn man z. B. die erste
Schwinge an jedem Flügel zugleich ausziehen wollte.
Behält ein alter Papagei ein tadelloses Gefieder

jahrelang ohne Erneuerung, so ist es keineswegs
nothwendig, etwa aus Vorsorge eine künstliche Mauser
herbeizuführen; man lasse ihm vielmehr nur eine
angemeßne Federnpflege (s. S. 86) zutheil werden,
bei regelmäßiger und besonders nahrhafter Fütterung
und Einhaltung aller übrigen Verpflegungsmaßregeln,
die ich bereits angegeben. Bei abgezehrten und alten
Vögeln geht der Federnwechsel immer am schwierigsten
vor sich, und daher sollte man solchen Papagei im
Beginn desselben, insbesondre wenn man ihn künstlich
hervorgerufen hat, recht kräftig ernähren.

Ein gut gehaltner Papagei darf nicht vernach=
lässigte, unreinliche, verklebte, wunde und geschwürige
Füße zeigen. Reinlichkeit, immer trockner Sand
und häufig Badewasser sind die besten Erhaltungs=
mittel; vor allem aber bedarf der Papagei natur=
gemäßer Sitzstangen (s. S. 37). Den etwa vernach=
lässigten Fuß reinigt man vermittelst einer weichen
Bürste mit warmem Seifenwasser (doch ist dabei
Erkältung sorgsam zu vermeiden) und bestreicht ihn
dann mit verdünntem Glyzerin (1 : 10) oder dünn
mit bestem Olivenöl. Die Krallen brauchen nur
selten verschnitten zu werden, weil sie beim Papagei,
der ausreichende Gelegenheit zum Klettern hat, nicht
übermäßig wachsen; wird es nothwendig, so muß es
mit großer Vorsicht geschehen.

Die Krankheiten. Anleitung zur Feststellung der Krank=
heiten und zum Beibringen der Heilmittel. Zum Schluß des Ab=
schnitts Krankheiten werde ich eine Uebersicht der zur Heilung angerathenen Arz=

neien anfügen, einerseits nach den Benennungen, unter denen man sie in der Apotheke oder einer Droguen-Handlung zu fordern hat, andrerseits nach den Gaben, bzl. Verdünnungen oder Zubereitungen, in denen man sie bei dem kranken Vogel innerlich oder äußerlich anwenden muß. — Bei der Unter=suchung, bzl. Beobachtung eines erkrankten Vogels hat man immer mit vor=urtheilsfreiem Blick auf jedes Merkzeichen, sowie namentlich auf das Aussehen und die ganze Erscheinung des Vogels zu achten, ferner prüfe und untersuche man, wenn man meint, die Krankheit erkannt und festgestellt zu haben, nochmals recht ruhig und ohne Voreingenommenheit und erst, sobald man sich sicher über=zeugt zu haben glaubt, beginne man mit der Anwendung eines Mittels. Die größte Schwierigkeit, insbesondre für den Anfänger und erst wenig erfahrnen Liebhaber liegt darin, daß man beim Lesen der Krankheitsmerkmale, eines nach dem andern, nur zu leicht zu der Meinung gelangt, man habe die richtige Krankheit vor sich, während man bei der nächsten wiederum annehmen muß, diese sei es. Ist es trotz sorgfältigster Prüfung des Vogels nicht möglich, eine bestimmte Krankheitsform mit Sicherheit festzustellen, so treffe man nur dem Zustand im allgemeinen entsprechende Maßnahmen. Zunächst gilt es zu ermit=teln, ob die Krankheit fieberhaft ist, ob sie sich durch heißen Kopf, heiße Füße, beschleunigtes Athmen bei sonstiger Ruhe kundgibt. Ist dies zutreffend, so hat man vor allem für unbedingte Ruhe zu sorgen, jede Erregung des Vogels durchaus zu verhindern. Man füttert nur leichtverdauliche Nahrungsmittel, und wenn der Vogel wohlgenährt erscheint, auch nur knapp. Gewöhnlich äußert sich dann starker Durst, und man darf weder eiskaltes, noch abgestandnes oder stark erwärmtes Trinkwasser, sondern nur solches von Stubenwärme geben. Natür=lich muß man das Wassertrinken auch beschränken, weil sonst leicht Durchfall und damit noch schwerere Erkrankung eintreten kann. Man reiche, wenn mög=lich aus der Hand, das Trinkwasser nur in bestimmter, verhältnißmäßig geringer Menge, und nicht maßlos, soviel der Vogel will. Ich gebe dann anstatt des Wassers lieber dünn gekochten Haferschleim, täglich mehrmals schwach erwärmt. Hat man den entzündlichen Zustand mit Bestimmtheit festgestellt, so darf man ohne Bedenken eine kleine Gabe von Chilisalpeter (Natrum nitricum dep.) hinzuthun. Glaubt man irgend eine Krankheit mit voller Entschiedenheit er=mittelt zu haben, so wähle man zur Behandlung, bzl. zum Heilungsversuch von den vorgeschlagenen Mitteln das aus, zu welchem man das meiste Ver=trauen hat, und wende es mit Umsicht und Verständniß nach der weiterhin in der „Uebersicht der Heilmittel und Arzneien" gegebnen Vorschrift an. Vor allem sei man nicht ungeduldig; nichts wäre schlimmer, als wenn Jemand in einsichtsloser Hast ein Mittel nach dem andern gebrauchen wollte, ohne dem vorhergehenden Zeit zur Wirkung zu lassen, oder wenn man wol gar alle Mittel, die bei einer Krankheitsform als wirksam empfohlen werden, zu gleicher Zeit anwenden möchte.

Eine der größten Schwierigkeiten bei der Behandlung kranker Papageien tritt dem Liebhaber in der Art und Weise des Eingebens der Heilmittel oder Arzneien entgegen. Jedes Eingeben mit Gewalt birgt große Gefahr; es ist also soweit als irgend möglich zu vermeiden. — Eine große Anzahl Arzneien bringt man den Papageien am besten im Trinkwasser bei, und namentlich, wenn Durst vorhanden ist, hält dies nicht schwer, indem sie dann sogar Stoffe ohne weiteres hinunternehmen, welche ihnen sonst widerwärtig sind. In ähnlicher Weise kann man Papageien auf dem in Wasser erweichten und wieder ausgedrückten Weißbrot (Weizenbrot, Semmel) Arzneien geben, die sie dann meistens gut verzehren. Ist man dagegen gezwungen, einem großen, starken, ungeberdigen Papagei ein Heilmittel mit Gewalt einzugeben, so muß er festgefaßt werden, damit er weder mit dem Schnabel, noch mit den Krallen verletzen kann. Sodann gibt man ihm in den Schnabel und in die Krallen je ein entsprechendes Hölzchen, und sucht vorsichtig und geschickt das Arzneimittel von einer Seite aus oberhalb der Zunge hinunter in den Schnabel, bzl. Schlund tief hineinzubringen, richtet darauf den Kopf in die Höhe, spült vielleicht noch mit etwas Flüssigkeit nach, entfernt das Holz aus dem Schnabel und hält den letztern noch eine Weile zu, bis der Vogel die Arznei hinuntergeschluckt hat. Dies Verfahren ist sehr umständlich und mühsam, und kann, wie schon gesagt, leicht den Erfolg der ganzen Kur in Frage stellen, indem der sich heftig sträubende Vogel dabei immerhin gefährdet wird.

Erkrankungszeichen. Sobald ein Papagei seine bisherige Lebhaftigkeit und Munterkeit verliert, erscheint er krankheitsverdächtig; je mehr bewegungslos und traurig er dasitzt, um so besorgnißerregender ist sein Zustand. Ein Vogel, der bis dahin wild, stürmisch, unbändig sich zeigte und plötzlich zahm wird, ist fast regelmäßig schwer erkrankt und verloren. Für den aufmerksamen Blick ergibt sich heranziehende oder bereits eingetretne Krankheit sodann an matten oder trüben Augen. Sobald ein Papagei das Gefieder sträubt, insbesondre am Hinterkopf und Nacken, wenn er oft gähnt und mit dem Kopf schüttelt, den letztern in die Federn steckt, wie frierend zittert oder zusammenschauert, so sind das verdächtige Zeichen. Das seltsame Knirschen mit dem Schnabel, welches ein Papagei aus Unbehagen, manchmal sogar bloß aus übler Angewohnheit, hören läßt, sowie gesträubte Nackenfedern an sich, haben in der Regel nicht viel zu bedeuten. Ein Hauptkennzeichen der Gesundheit, bzl. des Unwohlseins, bildet weiter die Entlerung. Beim naturgemäß gehaltnen ganz gesunden Papagei besteht sie immer in zwei Theilen, einem dicklichen, schwärzlichgrünen in Würstchen- oder Wurmform und einem weißen, dünnen oder breiigen zugleich. Wenn beide breiig in einander verlaufen oder der eine überwiegt, die Entlerung entweder gleichmäßig grünlichgrau oder weißschleimig, wol gar wässerig wird, ist der Vogel nicht mehr vollkommen gesund. Ebenso ist Magerkeit, mit spitz und scharf hervorstehendem Brustknochen, kein gutes Zeichen; der Unterleib sollte weder tief eingefallen sein, runzelig, mißfarbig, noch aufgetrieben, gedunsen, blasig oder gar entzündlichroth aussehen, ebensowenig aber auch wie mit einer Fetthülle belegt. Noch größre Sorge können uns die weiteren Merkmale schon eingetretner Krankheit einflößen. Als solche gelten nasse (laufende), schmuzige oder verklebte Nasenlöcher, ferner der schmazende Ton, welchen ein anscheinend ganz gesunder Papagei am stillen Abend hin und wieder ausstößt, auf den dann wol bald öfteres Räuspern, Husten oder Schnarchen und beschwertes Athemholen mit offnem Schnabel folgt. Beschmuztes, nicht mehr sauber gehaltnes Gefieder ist immer krankheitsverdächtig; Verunreinigungen am Unter= und Hinterleib müssen stets als Zeichen schon ein= getretner, nicht mehr leichter Erkrankung gelten. Wenn ein Papagei den eklen Drang hat, seinen eignen Koth zu fressen, so gehört dies zu den aller= übelsten Krankheitszeichen.

Die Krankheiten der Luftwege oder Athmungswerkzeuge sind bei den Vogelliebhabern leider am bekanntesten. Schnupfen (Katarrh der Nasen=, Rachen= und Mundhöhle). Krankheitszeichen: Niesen, wäßriger oder schleimiger, weißlicher oder gelblicher Ausfluß aus den Nasenlöchern, der sich in Krusten ansetzt, Thränen der Augen, Schlenkern oder Schütteln mit dem Kopf, wobei zuweilen Schleim ausgeworfen wird. Ursachen: Zugluft, eiskaltes Trink= wasser, plötzliches Sinken der Wärme und Erkältung überhaupt. Heilmittel: Trockne Wärme oder warme Wasserdämpfe, Einpinseln von erwärmtem reinem Oel, Auspinseln des innern Schnabels und Rachens mit Auflösung von chlor= saurem Kali oder auch Alaun= oder Tanninauflösung; Reinigen der Nasen= löcher und des Schnabels mit einer in Salzwasser getauchten Feder und dann Auspinseln mit Mandelöl oder verdünntem Glycerin.

Katarrh der Luftröhre (auch Rachen=, Kehlkopf= und Halsentzündung). Krankheitszeichen: Heiserkeit, Husten, Aufsperren des Schnabels beim Athem= holen, beschleunigtes Athmen, mit Pfeifen, Rasseln oder Röcheln, in schweren Fällen mehr oder minder starker Schleimausfluß aus dem Schnabel und den Nasenlöchern bei fieberhaftem Zustand und trockner Zungenspitze. Heilmittel in leichteren Fällen: Eingeben von Süßigkeiten wie Honig, auch wol Zuckerkand und reinem Lakrizensaft; Dulkamara=Extrakt, täglich zweimal; ferner gelinde Theer= oder Holzessigdämpfe einzuathmen [Zürn]; ferner Auspinseln des innern Schnabels bis tief in den Schlund hinein, auch der Nasenlöcher, mit Salicyl= säurewasser; in sehr schweren Fällen Auspinseln bis tief in den Schlund mit Auflösung von chlorsaurem Kali oder Tannin, unter Zugabe von etwas ein= facher Opiumtinktur. Linderungsmittel: verschlagner oder täglich mehrmals schwach erwärmter, ganz dünn gekochter Haferschleim, dagegen durchaus kein Trink= wasser, sondern Halten in feuchtwarmer Luft, bzl. Wasserdämpfe. In letzter Zeit habe ich bei derartigen Entzündungserkrankungen aller Athmungswerkzeuge mit großem Erfolg gereinigten Chilisalpeter (Natrum nitricum dep.) im warmen Getränk gegeben.

Heiserkeit durch Ueberanstrengung beim Sprechen, Singen oder durch zu lautes Geschrei tritt zwar bei den Papageien kaum ein, nur bei den vor=

züglichsten, zu einem oder mehreren Liedern abgerichteten Vögeln habe ich sie mehrmals beobachtet, und ich muß dann zur größten Vorsicht mahnen und rathen, daß man einen solchen Fall niemals leicht nehmen möge, weil daraus bald eine schwere Erkrankung sich entwickeln kann. Zunächst sind die vorhin beim Katarrh der Luftröhre gegebenen Rathschläge zu befolgen, und ein wenig Süßigkeit kann hier wol bessere Dienste leisten, als dort; zu reichlich Zucker gebe man nicht, weil er bei den Papageien, wie bei den Kindern leicht Säure erzeugt und dann Verdauungsstörungen verursacht. Hilft die Anwendung solcher leichten Mittel nicht, so ist es nothwendig, daß man die Ursache zu ermitteln und zu heben suche und ich bitte, wie vorhin angegeben zu verfahren. Heiserkeit mit Kurzathmigkeit kann auch Folge zu großer Fettleibigkeit sein; Behandlung: Futterwechsel, selbst zeitweises Hungernlassen, Verabreichung von frischen, dünnen grünen Zweigen zum Benagen, und sodann Bewegung, indem man ihm einen geräumigen Käfig oder Gelegenheit gewähre, daß er oft aus dem Käfig heraus und sich frei bewegen könne. Bei Kurzathmigkeit als Asthma, d. h. einer in der Regel krampfhaften Erkrankung der Athmungswerkzeuge ist wirkliche Abhilfe nur in Hebung der Ursachen zu finden. Milderungsmittel: lauwarmer Haferschleim mit ein wenig Zucker und darin auf ein Spitz- oder Schnapsgläschen voll 1—3 Tropfen einfache Baldrian-Tinktur und Halten des Vogels in möglichst gleichmäßiger, feuchtwarmer Luft (s. Wasserdämpfe). Im weitern beruht Kurzathmigkeit, und zwar meistentheils, in anderweitiger, schwerer Erkrankung der Athmungswerkzeuge, wie Lungen- und Kehlkopfentzündung, Lungenschwindsucht u. a. m. In allen diesen letzteren Fällen muß ich auf die Krankheitsfeststellung und Behandlung verweisen, welche ich weiterhin bei den einzelnen betr. Krankheiten angeben werde. Gelegentlich kann es auch vorkommen, daß ein sonst gesunder Vogel anscheinend schwer, weil mit geöffnetem Schnabel, athmet, während darin durchaus keine Ursache zur Beängstigung liegt; er sperrt den Schnabel nur auf, weil er infolge der Witterung oder starken Einheizens große Hitze hat, ohne daß ihm diese sogleich schädlich wird. — Husten ist wiederum meistens nur ein Krankheitszeichen. Bei allen bisher besprochenen krankhaften Zuständen der Athmungswerkzeuge kann er eintreten. Bei seiner Behandlung ist im wesentlichen dasselbe zu beachten, was ich bei Heiserkeit, Kurzathmigkeit, Athemnoth u. a. gesagt.

ÞÞ Lungenentzündung gehört zu den schwersten und gefährlichsten und leider auch häufig eintretenden Krankheiten der Papageien. Ursachen: Schroffer und starker Wärmewechsel, manchmal aber auch garnicht bedeutende, aber plötzliche Wärmeschwankung, ferner Zugluft, kaltes Trinkwasser und irgendwelche Erkältung überhaupt, auch Beherbergung während längrer Zeit in einem wenig oder garnicht gelüfteten Raum mit dumpfer, schwüler, unreiner, stickiger oder von Tabaksrauch oder Gasdunst geschwängerter Luft. Erkrankungszeichen: Zunächst sitzt der Vogel traurig da, mit gesträubten Federn, und die Freßlust hört allmählich auf; ein fieberhafter Zustand ist wahrzunehmen, an zeitweisem Zittern und bei näherer Untersuchung an wechselnder, auffallender Körperhitze; erschwertes oder kurzes, schnelles, pfeifendes Athmen, mit aufgesperrtem Schnabel, dann Husten, der dem Vogel augenscheinlich Schmerz verursacht, zuweilen Auswurf von gelbem, wol gar mit blutigen Streifen vermischtem Schleim; trockne Zunge. Manchmal sind diese Zeichen nicht oder nur kaum zu bemerken und der Vogel erscheint noch gesund und munter, aber er läßt einen schmatzenden und keuchenden Ton hören, der besonders abends in der Stille auffällt, und gerade dies Krankheitszeichen verräth fast regelmäßig einen Zustand schwerer Erkrankung, sodaß wir den bedauernswerthen Vogel fast immer als dem Tod verfallen ansehen müssen. Heilverfahren: er wird vor jeder Aufregung und Beängstigung bewahrt. Dabei muß er sich in möglichst gleichmäßiger, keinenfalls plötzlich schwankender, auch nicht zu starker und namentlich nicht trockner Wärme befinden, die Luft muß rein, besonders nicht staubig oder kohlensäurereich sein. Auch bei dieser Erkrankung sucht man eine feuchtwarme Luftumgebung dadurch hervorzubringen, daß man den Käfig mit Blattpflanzen umstellt und die letzteren häufig mit stubenwarmem Wasser besprizt; dann muß auf hohe Wärme von 20—24 Grad gesehen werden, weil durch das Verdunsten des Wassers bekanntlich Kühle verursacht wird. Oder es müssen Wasserdämpfe (s. diese) angewandt werden. Die Fütterung ist knapp zu halten, wenigstens solange, bis die Entzündung gehoben ist. Man gibt gereinigten Salpeter im Trinkwasser oder noch besser Chili-Salpeter. Ist bei der Lungenentzündung Ausfluß aus den Nasenlöchern vorhanden, so reinigt man dieselben vermittelst einer in Salzwasser getauchten Feder und pinselt sie dann mit erwärmtem Olivenöl oder verdünntem Glycerin ein. Zürn empfiehlt auch bei allen Entzündungen der Luftwege (Katarrh der Luftröhre und Lungenentzündung) Theerdämpfe und Treskow Dämpfe von Alaunauflösung oder Tanninauflösung; doch ist das Einathmen solcher Dämpfe nach meinen Erfahrungen nur mit äußerster Vorsicht und vollem Verständniß anzuwenden.

Lungenschwindsucht oder Lungentuberkulose ist meistens in denselben Ursachen, aus denen Lungenentzündung u. a. entsteht, begründet, sie kann auch eine Folge dieser letztern sein. Leider tritt auch sie häufig und in mannigfaltigster Weise auf, indem die verderbenbringenden Geschwürchen sich nicht allein in der Lunge, sondern auch in Leber, Herz, Herzbeutel, Milz, Nieren, Magen, Eierstock, Därmen u. a. m. entwickeln. Krankheitszeichen: verhältnißmäßig rasch vorwärts schreitende Abmagerung und sodann Geschwülste an den verschiedensten Körpertheilen; außerdem die meisten bei Lungenentzündung angegebenen Krankheitszeichen. Heilung, sobald erst wirklich Tuberkulose, also Geschwürchenbildung und wie sie der Volksmund nennt, Abzehrung eingetreten, ist leider unmöglich, wenigstens nach dem Stande unsrer bisherigen Kenntniß. Abwehr-, bzl. Abwendungsmittel und -Wege: sorgfältiges Fernhalten aller bei den vorher besprochenen Erkrankungen der Luftwege angeführten Ursachen.

Diphtheritis und Kroup (diphteritisch-kroupöse Schleimhautentzündung, volksthümlich: Bräune, Rotz, gelbe Mundfäule, gelbe Knöpfchen, Schnörgel u. a. genannt) wird durch pflanzliche Schmarotzer, Kugelspaltpilze, Gregarinen, oder Psorospermien bezeichnet, hervorgerufen. Es sind mikroskopische Lebewesen, welche neuerdings meist für pflanzliche, herdenweise auftretende und verschiedene schwere Krankheitserscheinungen an Menschen und Thieren verursachende Geschöpfe angesehen werden. Krankheitszeichen: Husten, Niesen, schweres Athmen bei geöffnetem Schnabel, Kopfschütteln, Schlingbeschwerden, Luftschnappen, zunehmende Athemnoth unter Schnarchen und Röcheln, sodann als namentlich kennzeichnend: Auswurf von süßlichriechendem Schleim, zunehmende Mattigkeit, Sitzen am Boden, flügelhängend und mit geschlossenen Augen (zugleich fast immer Darmkatarrh mit wäßrigschleimigen Auslerungen), dann Zittern, Schüttelfrost und Durst. Sitz der Krankheit sind die Schleimhäute des Rachens, Kehlkopfs, der Luftröhre, der Bronchien und des Darms, auch die Nasenschleimhäute, Bindehäute und Hornhaut der Augen. Aus den Nasenlöchern quillt gelbe, schleimige, schmierige Flüssigkeit, die sich in dunkelgelben oder bräunlichen Krusten festsetzt; die Augenlider schwellen an und werden verklebt. Gewöhnlich währt die Krankheit 2—3 Wochen, doch zuweilen auch 60—70 Tage. Vorbeugungsmittel: Untersuchung jedes neu angeschafften Vogels und Absonderung zur Beobachtung, strengste Absonderung jedes erkrankten Vogels, also Verhinderung der Berührung oder seiner Aussonderungen mit anderm noch gesunden Gefieder, gleichviel welchem, sofortige Vernichtung jedes gestorbnen Vogels durch Verbrennen oder tiefes Vergraben, sorgfältigste Reinigung der Käfige und Geschirre durch Ausscheuern mit Karbolsäurewasser, dann Ausbrühen mit heißem Wasser. In der Regel ist jeder Heilungsversuch vergeblich, dennoch muß ich die bis jetzt vorgeschlagenen Heilmittel wenigstens anführen: Eingeben von Karbolsäure im Trinkwasser und Bepinseln oder Besprengen vermittelst des Verstäubers der erkrankten Schleimhautstellen mit derselben. Die Krusten müssen mit mildem Fett erweicht, nicht mit Gewalt fortgerissen werden. Auch Höllenstein-Auflösung zum Pinseln und dann Nachpinseln mit Kochsalz-Auflösung, selbst Jod-Tinktur, für die Augen Salicylsäure-Wasser oder Auflösung von Kupfervitriol oder Tannin-Auflösung; innerlich gibt man chlorsaures Kali täglich dreimal und äußerlich pinselt man mit solchem. Immerhin bleibt es rathsam, nicht nur den todten, sondern auch jeden von dieser unheilvollsten Krankheit ergriffenen Vogel, sobald man sich davon überzeugt hat, daß er wirklich an derselben erkrankt ist, schleunigst zu tödten und zu vernichten.

Erkrankungen des Magens und der übrigen Eingeweide. Während die hierhergehörenden verschiedenartigen Krankheitserscheinungen dem Vogelpfleger immer am häufigsten entgegentreten, haben wir doch gerade bei vielen von ihnen weder hinsichtlich der Erkennung, bzl. Unterscheidung und Feststellung, noch der Heilung bis jetzt sichere Gewähr; wir können uns vielmehr bei diesen Krankheiten wie bei den vorigen hauptsächlich nur an das halten, was bisher die Erfahrung ergeben hat.

Verdauungsschwäche: mangelnde Freßlust, nicht naturgemäße Entlerung in mißfarbnem, braunem, festem oder auch breiigem, meistens übel-
riechendem Koth, Trägheit und Schwäche. Krankheitsursachen: unrichtiges oder
unpassendes Futter und dadurch hervorgerufne üble Beschaffenheit der Galle und
der Verdauungssäfte. Zunächst werden bei dieser Erkrankung gewöhnlich einige
Hausmittel angewandt; man reicht verändertes, leichtes Futter, auch ein wenig
Grünkraut oder vielmehr dünne grüne Zweige von Weide, Pappel, Haselnuß-
strauch oder Obstbäumen, sodann etwas Kochsalz im schwacherwärmten Trinkwasser oder besser in solchem, ganz dünnem Haferschleim. Auch leistet ein Theelöffel voll Rothwein, lauwarm, täglich zwei- bis dreimal gegeben, gute Dienste.
Zur Anregung bietet man ein wenig Süßmandel oder Wallnuß.

Verdauungsstörungen und in Folge derselben Magen- und Darmentzündung (Magen- und Darmkatarrh, auch Unterleibsentzündung) kommen
leider häufig und in mancherlei verschiedenartiger Erscheinung bei allen Vögeln
vor. Erkrankungsursachen: irgendwie verdorbnes, sauer oder faulig gewordnes
und unpassendes, unzuträgliches Futter, Fressen irgendwelcher anderen schädlichen,
ätzenden, giftigen Stoffe, doch auch zu frischer Sämereien, Fressen von nicht zuträg-
lichen Pflanzen auf dem Blumentisch, Ueberfressen an Leckereien, sodann, wenn auch
glücklicherweise selten, Hinabschlucken von Metall, Knochen, Glas, spitzen Steinchen
u. a. m., schließlich aber auch eiskaltes Trinkwasser, Erkältung des Unterleibs, eis-
kalter Luftzug, welcher aus einer Ritze u. a. her gerade den Unterkörper trifft; im
übrigen kann sich derartige schwere Erkrankung auch aus der vorhin besprochnen
Verdauungsschwäche entwickeln. Krankheitszeichen außer den allgemeinen Merk-
malen: mattes Auge, Dasitzen mit gesträubtem Gefieder, wol gar hängenden
Flügeln und schlaff herabhängendem Schwanz, mangelnde Freßlust und Durst,
Würgen und Erbrechen, Herunterbiegen des Unterleibs und Wippen mit dem
Schwanz beim Entleeren, vor allem aber abweichende (schleimige und mehr oder
weniger dünne oder breiige, gleichmäßig grüne bis schwärzlichgrüne, weißgrün-
liche oder chokoladenfarbige bis blutige, zuweilen, wenn sie auf die Hand fällt,
sich förmlich heiß anfühlende, auch wol sauer- oder übelriechende) Entleerung,
Schüttelfrost und Hinfälligkeit; der Vogel sitzt fortwährend am Futternapf und
sucht umher, ohne wirklich zu fressen; bei sehr schwerer Erkrankung erscheint der
Unterleib aufgetrieben, geröthet oder blau und heiß anzufühlen. Heilmittel je
nach der Krankheitsursache: verändertes und vor allem zuträgliches Futter, Ruhe
und Wärme, warmer Breiumschlag auf den Unterleib, auch wol handwarmer
Sand, der jedoch dauernd gleichmäßig warm gehalten werden muß; sodann:
Salicylsäure- oder Tannin-Auflösung, Glaubersalz zum Abführen oder bei Durchfall
einfache Opiumtinktur, auch Rothwein und in den schwersten Fällen Höllenstein-Auflösung; bei innerlichen Verletzungen, Hinabschlucken von Metall u. a.: Leinsamen-,
Hafergrütze- oder andrer Schleim, mit wenig mildem Oel oder Reiswasser, gebrannte Magnesia in Wasser angerieben u. a. Durchaus zu entziehen sind:
Grünkraut, bzl. grüne Zweige, Obst, erweichtes Weißbrot und jedes Weichfutter

überhaupt. Anstatt des Trinkwassers soll man nur ganz dünnen lauwarmen Haferschleim geben. Badewasser darf man garnicht reichen. Auch darf man den kranken Vogel währenddessen nicht abspritzen. — Die bereits S. 97 erwähnten Gregarinen können auch eine Darmentzündung verursachen, welche sich in heftigem Durchfall, baldiger großer Hinfälligkeit und raschem Sterben kennzeichnet. Um sie festzustellen, muß man die Entlerungen mikroskopisch untersuchen. Bei bereits eingetretner Krankheit sind Heilmittel kaum mehr wirksam, doch darf man unterschwefligsaures Natron und Salicylsäure=Auflösung anwenden; s. auch weiterhin Gregarinose. Bei allen derartigen übertragbaren oder ansteckenden Krankheiten kann man natürlich garnicht vorsichtig genug sein.

Der Durchfall (Diarrhöe) ist im wesentlichen nur eine Krankheitserscheinung, und als solche kann er von der geringsten Verdauungsstörung bis zu der vorhin besprochnen Magen= und Darmentzündung in allen ihren verschiedenen Erscheinungen eintreten. Bei jedem Papagei sollte man stets sorgfältig auf die Entlerungen achten, denn dieselben dürfen gleichsam als ein hauptsächlicher Gradmesser der Gesundheit wenigstens im allgemeinen angesehen werden; ich bitte S. 93 unter Erkrankungszeichen und S. 98 bei Magen= und Darmentzündung nachzulesen. Kleben die Federn am Hinterleib zusammen, zeigt sich die Entlerungsöffnung und mehr oder minder auch der Unterleib beschmutzt, die erstre wol gar aufgetrieben und entzündet, so ist schon eine schwere Krankheit eingetreten. Dann hört die Freßlust auf, während der Kropf gefüllt bleibt, weil die Verdauung unterbrochen ist, und großer Durst läßt zugleich einen entzündlichen Zustand erkennen. Müssen wir bei Durchfall, ohne daß es gelingt, eine bestimmte, eingetretne Krankheit festzustellen, an sich behandeln, so können wir als Heilmittel zunächst nur Wärme, sodann am besten dünn gekochten Haferschleim, doch auch kohlensaure Magnesia in Wasser angerieben, Reis= u. a. Schleim, anwenden. Wenn der Durchfall sehr stark ist, unter vielmaliger täglicher wäßriger Entlerung, so gibt man besten französischen Rothwein, nicht leichten rothen Landwein (schon um den Vogel zu stärken und seine Körperkraft zu erhalten), in den schlimmsten Fällen mit einfacher Opiumtinktur, auch wol Tannin= oder Höllenstein=Auflösung. Der After und Hinterleib überhaupt wird täglich ein= oder mehrmals vermittelst eines weichen Schwämmchens mit warmem Wasser gereinigt und mit erwärmtem Oel bestrichen. Zum Getränk darf man kein Wasser, sondern nur den erwähnten Haferschleim, und zwar dreimal im Tage frisch erwärmt, geben. Bei breiiger Entlerung, welche sauer riecht oder eine Schärfe zeigt und die Umgebung des Afters wund macht, kann man auch doppeltkohlensaures Natron geben. Gelinder Durchfall wird am besten durch Futterwechsel gehoben, indem die stockende oder gestörte Verdauung dadurch gelinden Anreiz erhält und meistens wieder in guten Gang kommt. Vor schwerverdaulichen oder auch ungewohnten Nahrungsmitteln muß man die Vögel währenddessen bewahren. — Ruhr, bzl. jeder ruhrartige Zustand läßt sich an starkem Drängen und Schwippen mit dem Hinterleib erkennen; die Entlerung ist zähschleimig und =breiig, bei schwerer Erkrankung schwärzlichröthlich und dann auch bald blutig. Die Ruhr mit Opiumtinktur u. a. ohne weiteres zu stopfen, würde meistens tödtlich wirken; man gibt vielmehr Rizinusöl oder ein Gemisch von diesem und Olivenöl in dünnem Haferschleim oder auf altbacknem, in Wasser erweichtem und wieder gut ausgedrücktem Weizenbrot (Semmel), oder auch wäßrige Rhabarbertinktur, und bringt dem Vogel täglich Oelklystire bei (zu welchen ich weiterhin bei der Verstopfung Anleitung geben werde). Zum Getränk reicht man dünn gekochten Haferschleim und zugleich reinigt man den Unterleib mit warmem Wasser und bestreicht ihn mit ebensolchem Oel. Von der eigentlichen Ruhr verschieden ist schwere Erkrankung an Blutentleerung, bei der man mit der Gabe von Opiumtinktur zunächst gleichfalls sehr vorsichtig sein muß. Ich gebe anfangs und solange die Entleerungen nicht stark und häufig sind, nur 3 bis 5 Tropfen von dem Oelgemisch, und dann erst suche ich die eigentliche Heilung durch Opiumtropfen (Tinct. opii spl. 1, Tinct. aromat. et Tinct. valer. aeth. aa 5; s. ein- bis zweimal täglich 5 Tropfen in 1 Theelöffel voll bestem Roth- wein) zu erreichen. — Kalkdurchfall (Kalkmisten, Kalkschiß) ist wahrscheinlich mit dem Typhus oder seuchenhaften Typhoid des Geflügels übereinstimmend; Ursache: Mikrokokken und Bakterien, also mikroskopische, pflanzliche Schmarotzer, welche sich sehr leicht übertragen, bzl. ansteckend wirken; er zeigt sich insbesondre bei frisch eingeführten Papageien leider häufig. Krankheitszeichen: starker Durch- fall mit Entleerungen von dünnem, weißgelbem Schleim, welche dann grünlich werden und den Unterleib stark beschmutzen, mangelnde Freßlust, mattes Dasitzen mit hängenden Flügeln, Hinfälligkeit, manchmal auch Erbrechen von dünnem, grünlichem Brei, starker Durst, Zittern, hochgesträubte Federn, Taumeln, Tod unter Krämpfen. Vorbeugungsmittel: Absonderung jedes erkrankten Vogels, sorg- samste Desinfektion (insbesondre Waschen mit Chlorwasser) und äußerste Rein- lichkeit überhaupt. Im übrigen ist Heilung kaum möglich und ich bitte dringend, hier ganz besonders das zu beachten, was ich bei den ansteckenden Krankheiten inbetreff der Behandlung, namentlich aber hinsichtlich der weitern Ansteckung, gesagt habe. — Als ein vorzügliches Heil- oder doch Linderungsmittel bei allen diesen zuletzt erwähnten Erkrankungen der Verdauungs- und Unterleibsorgane überhaupt, selbst wenn sie entzündlicher Natur sind, ist immer heißer Sand zu erachten. Allerdings bedarf es, um ihn anwenden zu können, besonderer, passender Vor- richtungen, sodaß er andauernd immer gleichmäßig erhitzt, d. h. nur handwarm ist. Der Vogel wird entweder ohne weiteres auf den bloßen Sand oder besser auf einer Unterlage von Wollenzeug unter eine Drahtglocke gesetzt. Wenn irgend möglich muß der Sand für lange Zeit, mindestens aber 6 bis 24 Stunden, gleich- mäßig warm bleiben, und zugleich darf er die Blutwärme (38,5 ° C.) des mensch- lichen Körpers keinenfalls überschreiten.

Die Verstopfung ist nur eine Krankheitserscheinung und vornehmlich in Verdauungsstörungen oder auch in Fettsucht, Eingeweidewürmern u. a. begründet. Krankheitszeichen: Drang zum Entleeren, dabei Wippen mit dem Hinterleib, Da- sitzen mit gesträubten Federn, Traurigkeit, Mangel an Freßlust, beschmutzter und verklebter After. Wirklich wirksame Heilmittel können immer nur solche sein, welche die eigentliche Krankheit, bzl. deren Ursachen, heben. Heilmittel bloß gegen die Verstopfung: zunächst der Versuch mechanischer Entlerung; bereits beim Abwaschen des beschmutzten Hinterleibs und der verklebten Federn mit lauwarmem Wasser tritt zuweilen eine plötzliche, massenhafte Entlerung ein; noch besser wirkt ein sog. Klystir, d. h. das Hineinbringen eines in erwärmtes Oel getauchten Nadelkopfs in die Entlerungsöffnung. Auch ein wirkliches Klystir vermittelst einer feinen Gummiballspritze mit dünner, rundgeschmolzner Glasröhre als Spitze, oder mit gleicher gläserner Spritze, thut gute Wirkung, indem man dem Vogel einige Tropfen von dem Oel oder auch nur bloßes lauwarmes Wasser beibringt. Dazu gehört freilich Geschick. Wenn man dabei einem weiblichen Vogel die Spritzenspitze irrthümlich in den Eileiter oder die Legeröhre führt, so thut ihm das allerdings nicht leicht Schaden; aber jede Verletzung ist sorgsam zu vermeiden. Bei hartnäckiger Verstopfung gibt man: Rizinusöl 3 bis 5 Tropfen in Hafer-, Leinsamen- oder irgendwelchem andern Schleim oder auch wol auf erweichtem und gut ausgedrücktem Weißbrot ein.

Hierher gehört auch die unheilvollste aller Vogelkrankheiten überhaupt: die Sepsis (Blutvergiftung, Hungertyphus oder Faulfieber), an welcher alljährlich viele Hunderte, zuweilen sogar Tausende werthvoller fremdländischen Vögel, darunter leider nur zu viele Graupapageien, zugrunde gehen. Die Vögel kommen anscheinend kerngesund, namentlich vollleibig, munter und mit klaren Augen in Europa an, sind aber in 8 Wochen, meistens viel früher, oft schon in 8—14 Tagen, selten dagegen noch später, dem Tod verfallen; und zwar am ehesten bei Darreichung von Trinkwasser (welches ihnen infolgedessen von den Händlern gewöhnlich durchaus vorenthalten wird). Krankheitserscheinungen: Sträuben des Gefieders, insbesondre im Nacken, Kopfschütteln, zeitweises Schnabelaufsperren und Gähnen, mattes, trauriges Dasitzen, Veränderung der nackten Haut um die Augen, vom reinen Weiß bis zum düstern, bläulichen oder gelblichen Grau, Verschmähung der Nahrung, Schnupfen, Husten mit Ausfluß aus einem oder beiden Nasenlöchern und Anschwellen derselben; sodann Schnarchen oder Röcheln beim Athemholen; die Entlerungen werden schleimig, klebrig, weiß mit grünlichen Streifen untermischt und übelriechend; manchmal, doch nicht immer, Erbrechen und Durchfall, zuweilen nur letzterer; sodann Athemnoth; der Vogel magert in kürzester Frist staunenswerth ab und zeigt ein bemitleidenswerthes Jammerbild; darauf tritt Taumeln und Tod, oft unter großer Qual, ein. Durch die Untersuchungen seitens hervorragender Aerzte, sowie durch meine eigenen, sind als Erkrankungs-, bzl. Todeserscheinungen festgestellt worden: dunkles, dickliches Blut ohne feste Gerinnsel, zahlreiche, punktförmige Blutaustretungen auf Lunge, Herzbeutel und an den Hirnhäuten; Tuberkeln (Geschwürchen), am meisten in der Leber, aber auch in Lunge und Herz; gelbliche, faserige Ausschwitzungen auf der Lunge und Leber; zerstreute, rothe Entzündungsherde in den Lungen; hellgelbe, keilförmig gestaltete, festere Ausschwitzungen in dem Stoff der Leber; oft auch große, mürbe, violettrothe oder ganz bleiche, wachsgelbe Leber; große Ausschwitzungsmassen, zuweilen sogar Schimmelpilzbildung innerhalb der Brusthöhle, zu beiden Seiten der Lunge; dazu Magen- und Darmkatarrh, und, als den Zeitpunkt des Absterbens bezeichnend, Erstickungserscheinungen, nämlich Blutüberfüllung der Lungen und des venösen Blutkreislaufs des rechten Herzens, der großen Halsvenen und der Venen der weichen Hirnhaut. Die der fauligen Blutzersetzung eigenthümlichen Bakterien (Bacillen) ergeben mit Sicherheit: Jauchevergiftung, also S e p s i s. Diese Fäulniß-Organismen, wenn sie nur in geringer Menge vorhanden sind, kann der Körper wieder ausscheiden, sobald er genügend Sauerstoff zum Athmen hat, da gerade die Bakterien der Sepsis durch Sauerstoff zerstört und nur beim Mangel an demselben gebildet werden. Die unselige Krankheit ist aber äußerst giftig und überträgt sich leicht; daher sehen wir die Erkrankung aller zusammen angekommenen Vögel, sobald ein einziger, der Seuche verfallener darunter war. Auch können die Entleerungen noch nach Monaten ansteckend wirken. Vorgeschlagene Heilmittel: Chlorflüssigkeit, Karbolsäure, Salicylsäure, salicylsaures Natron, Tannin, Ergotin, Chinin, Phosphorsäure und phosphorsaure Salze, Schwefelmilch, selbst Queck-silbersublimat und Arsenik und noch viel andres zum Eingeben, ja sogar in sub-kutanen Einspritzungen. Nur der Vollständigkeit halber mußte ich hier die mit mehr oder minder großem Erfolg angewendeten Heilmittel allesammt aufzählen; zur Selbstanwendung für den Liebhaber, der doch nicht immer zugleich Kenner sein kann, darf ich dagegen nur als im wesentlichen stichhaltig Salicylsäure empfehlen, auf deren Anwendung ich weiterhin sehr eingehend zurückkommen werde. Liebhaber und Händler in England setzten ihr ganzes Vertrauen auf Heilung vermittelst Kayenne-Pfeffers. Alle Händler aber suchen den Ausbruch der unheil-vollen Krankheit ganz oder doch eine Zeitlang dadurch abzuwenden, daß sie das Trinkwasser entziehen und den Graupapageien nur in Kaffe oder Thee erweichtes Weißbrot oder nur Kaffe geben. Hier und da hat man Gleiches mit bloßer reiner Milch versucht, und mit dieser werden in neuerer Zeit wiederum derartige Heilversuche gemacht. In einzelnen Fällen ist dies auch wol gelungen, denn es sind Beispiele bekannt, in denen sich ein solcher Vogel Jahre hindurch auch ohne Wasser am Leben erhalten hat. Manche Papageien überwinden bei derartiger Behandlung die tief wurzelnde Krankheit, lassen sich mit dem erweichten Weißbrot an Mais und Hanf bringen, erstarken und genesen und sind späterhin ohne Gefahr auch an Wasser zu gewöhnen. Beiweitem die größte Anzahl aber, alle noch ganz Jungen oder Kränklichen und Schwächlichen, gehen dabei unrettbar zugrunde. Im übrigen liegt in der Wasserentziehung eine arge Thierquälerei; am besten kann man dies daran ersehen, mit welcher Gier die bedauernswerthen Vögel über das ihnen gebotne Getränk herfallen und welch' augenscheinliches Labsal es ihnen gewährt, auch wenn es ihnen zugleich den Tod bringt. Erklärlicherweise habe ich es mir persönlich angelegen sein lassen, Versuche anzustellen, um nicht allein Erfahrungen zu gewinnen, sondern vor allem um, wenn irgend möglich, einen sichern Weg zur Heilung der bedauernswerthen Vögel aufzufinden. Man kann sich kaum ein lieblicheres Geschöpf denken, als einen kürzlich erst dem Nest entschlüpften Graupapagei mit dunklen, bläulichen oder tiefschwarzen Augen, dunkelgrauem, überall noch vom zarten Nestflaum gleichsam überhauchten Gefieder und hellrothem Schwanz. Er ist aber nicht allein allerliebst, wie fast jedes junge Thier, sondern auch liebenswürdig, zutraulich und gemüthlich. Bei unserm Nahen begrüßt er uns mit so sprechenden Geberden, daß selbst Jemand, der wenig Verständniß für das Thierleben hat, seine hohe Begabung anerkennen muß. Zutraulich und zahm lernt er, wenn er eben am Leben bleibt, in kürzester Frist sprechen und dann gelangt er bekanntlich allmählich zu einer staunenswerthen Stufe der Menschenähnlichkeit. Daher sind diese jungen, dunkeläugigen Graupapageien außerordentlich gesucht und beliebt und sie werden mit hohen Preisen bezahlt. Aber in den meisten Fällen treten bereits in den ersten Tagen die Krankheitserscheinungen ein. Zunächst sind diese Vögel überaus empfindlich gegen jede Erkältung; nur geringes Sinken der Stubenwärme, der Luftzug, den eine rasch zugeklappte Thür verursacht, oder das schnelle Herantreten eines aus kaltem Raum Kommenden bringt ihnen Niesen, Husten, Schnupfen, damit Ausfluß aus den Nasenlöchern, und dann kommen allmählich alle vorhin geschilderten Krankheitszeichen zum Vorschein. Noch schlimmer wirkt das Wassertrinken, denn ein einziger Schluck kann schon heftige Unterleibsentzündung hervorrufen. Sobald der Papagei erkrankt, tritt in kürzester Frist staunenswerthe Abmagerung ein und bald zeigt er sich als ein bemitleidenswerthes Jammerbild. Von einem Neger aus dem Nest geraubt und aufgezogen, ist er, wie wir es bei verlassenen jungen Tauben zu thun pflegen, aus dem Munde aufgefüttert und sodann an das Selbstfressen gewöhnt worden; nun aber, im Gefühl seiner schweren Erkrankung und Hilflosigkeit, hat er die Thatkraft zum Selbstfressen verloren und er bettelt zum Erbarmen um die frühere Fütterung. In einem solchen Fall weiß ich, daß eine liebevolle Vogelfreundin ihren kleinen Jako durch Fütterung aus dem Munde am Leben erhalten hat, bis er allmählich erstarkt und genesen war. Meistens, ja regelmäßig, bringt aber auch dieser Versuch keine Hilfe, sondern einer von den Vögeln nach dem andern stirbt, ohne daß man ihn zu retten vermag. — Ich selbst habe im Lauf von 16 Jahren 68 junge Graupapageien von verschiedenen deutschen und englischen Großhändlern bezogen. Sie kamen sämmtlich oder doch nur mit wenigen Ausnahmen munter und anscheinend kerngesund bei mir an. Trotzdem waren sie alle von der unseligen Krankheit ergriffen und einer nach dem andern erkrankte. Zuerst innerlich in entsprechenden Gaben habe ich an den Vögeln die Wirkung von allen vorhin genannten Arzneien auszuproben gesucht, alles aber war vergeblich. Auch habe ich feststellen können, daß die ohne Wassergabe, bloß mit Weißbrot in Kaffe oder Thee gehaltenen Graupapageien und schließlich ebenso die mit Kayenne-Pfeffer behandelten gleicherweise erkranken und sterben, wenn sie einmal von der Sepsis ergriffen sind. Große Hoffnung setzte ich auf einen Heilungsversuch vermittelst Ozon zum Einathmen und Ozonwasser, aber auch dies kräftigste aller Besehungsmittel jener unseligen Bakterien erwies sich als unzureichend. Schließlich wurden auch Hauteinspritzungen einer Anzahl der stärksten von jenen Heilmitteln unternommen; indessen auch dieser Versuch darf keineswegs als ein gelungner angesehen werden. Zu weiteren derartigen Versuchen sei nun aber dringend angeregt, denn außer dem Bereich der Möglichkeit liegt die Heilung keineswegs. Aus früherer Zeit her wissen wir Alle, daß der Graupapagei mit Recht als ein kräftiger, ausdauernder Vogel erachtet werden durfte, während er jetzt zu den allerweichlichsten und hinfälligsten gezählt werden muß. Diese unselige Veränderung begründet sich in absonderlichen Verhältnissen. Ein ebenso einfältiger als übelwirkender Seemanns-Aberglauben ist bereits bis zu den Negern gedrungen, und auf Grund desselben halten sie die Vögel vom Wassertrinken fern und ernähren sie anstatt dessen aus dem Munde mit gekautem und mit Speichel vermischtem Mais. Nach meiner Ueberzeugung kann darin aber die erste Ursache zur Entwicklung der Sepsis liegen; denn der Speichel des Menschen und insbesondre der eines Negers, enthält zweifellos Bestandtheile, welche für den zarten Körper eines jungen Vogels nichts weniger als wohlthätig sind, zumal, wenn dabei auch noch ein unnatürlicher Zustand durch die Entziehung des Trinkwassers herbeigeführt worden. Mit vollster Berechtigung könnten wir nun sagen: diese ebenso zwecklose als thierquälerische Einführung der Graupapageien muß bis auf weitres durchaus unterdrückt werden, denn sie schädigt das menschliche Vermögen und den Reichthum der Natur an herrlichen Geschöpfen in gleicher Weise und verleidet zahlreichen Leuten die Liebhaberei. Noch gibt es ja Wege, auf denen wir wenigstens die Möglichkeit vor uns haben, daß wir uns diesen werthvollsten aller Stubenvögel erhalten können. Selbst wenn uns die Aussicht, daß ein wirklich stichhaltiges Verfahren zur Heilung und Wiederherstellung der Graupapageien von der Sepsis noch aufzufinden sei, unsicher dünken muß, so haben wir doch in einer andern eine mehr erfolgversprechende vor uns. Wenn es nämlich über kurz oder lang gelingen wird, infolge der siegreich und unaufhaltsam vordringenden Kultur, in den Heimatsgegenden des Jako, namentlich soweit solche dem deutschen Einfluß eröffnet werden, auch bei den schwarzen Bewohnern Aufklärung und Gesittung zu verbreiten, Aberglauben und Vorurtheil zu bannen, so werden wir auch auf die Gewinnung eines der werthvollsten Ausfuhrgegenstände, der lebenden Vögel im allgemeinen und der Graupapageien im besondern, wohlthätig einwirken können, um sodann die Aufzucht der letzteren und ihre Ueberführung nach Europa so natur- und sachgemäß zu regeln, daß diese Art wieder wie früher zu den kräftigsten aller Papageien gezählt werden kann. Bis dahin aber bleibt mir leider nichts andres übrig, als daß ich die dringende Warnung ausspreche: man wolle sich vom Ankauf frisch eingeführter, billiger Graupapageien bis auf weitres ganz fernhalten! Allein schon es mitansehen zu müssen, wie das edle Thier unendlich jammervoll dahinstirbt, ohne daß wir ihm helfen können, verleidet vielfach die Liebhaberei für lange Zeit oder für immer.

Am schlimmsten daran unter allen kranken Papageien sind zweifellos die

infolge kenntnißloser oder auch muthwillig naturwidriger Ernährung, also durch
mehr oder minder lange Fütterung mit allerlei menschlichen und anderen für die
Vögel nicht geeigneten Nahrungsmitteln einerseits oder infolge übelster Behandlung während der Seereise andrerseits oder schließlich auch durch Ansteckung
mit Sepsis erkrankten. Ueber die Sepsis an sich, wie sie im akuten Zustande,
also unmittelbar ausbrechend, auftritt und behandelt werden muß, habe ich soeben gesprochen; hier erübrigt es nur noch, auf einen chronischen Zustand,
der infolge dieser unseligen Seuche bei längst eingewöhnten und wol gar den
allervortrefflichsten Papageien leider nur zu häufig vorkommt, näher einzugehen —
nämlich eine Folgekrankheit der Sepsis. Bei einem anscheinend gesunden
Sprecher bilden sich Geschwürchen von der Größe eines Hirsekorns bis wol gar
zu der einer Pflaume an den verschiedensten Körpertheilen, so vornehmlich
rings um den Schnabel in der Wachshaut, im Halse, Kehlkopf, Schlunde, an
der Zunge, am Auge u. a. Je nachdem, wie dies Gebilde sich nun mehr oder
minder entwickelt, kann es natürlich die mannigfaltigsten Leiden hervorbringen.
Wird keine eingreifende Kur begonnen, so ist der Vogel in der Regel verloren,
denn er geht an solchem Geschwür, zumal wenn es an einem edlen Theil steht,
durch Ersticken, Verhungern oder in andrer Weise zugrunde. In letzter Zeit
habe ich mit großem Glück die Salicylsäure-Kur angewandt. Man taucht
die Flasche mit der Auflösung (s. Salicylsäure) vorsichtig, nachdem sie entkorkt
worden, in ein Gefäß mit warmem Wasser, solange bis die darin schwimmenden
weißen Flocken verschwunden, bzl. geschmolzen sind, schüttelt dann gut um und
tröpfelt nun davon 30 Tropfen in den Trinknapf des Vogels, gießt ein
Schnaps- oder Spitzgläschen voll destillirtes Trinkwasser oder besser ganz dünnen
Haferschleim hinzu und gibt ihm dies als Getränk. Natürlich darf er nicht früher
weitres Wasser bekommen, als bis er diese Gabe völlig ausgetrunken hat. Während
dieser Kur muß man dem Papagei jedes naturwidrige Nahrungsmittel durchaus entziehen, und so bekommt er während derselben nur Hanf, Mais und erweichtes Weißbrot, alles im vorzüglichsten Zustande. In der Regel vergehen bei dieser Kur die
Geschwüre ganz von selber oder mindestens schrumpfen sie allmählich ein, selbst wenn
sie noch Jahr und Tag vorhanden bleiben, doch so, daß sie dem Vogel keine Beschwerden machen und ihn auch nicht bedeutsam verunschönern. Sollten schon
vor dem Beginn der Kur oder während derselben einzelne größere Geschwüre zu
bedeutenderer Entwicklung gelangen, zumal an Stellen wo sie lebensgefährlich
werden können, wie an der Zunge oder am Kehlkopf, im Schlunde u. a., so
muß man natürlich, je nach der Ortsbeschaffenheit, mit äußerer örtlicher Kur
eingreifen. Ich nehme ungern das Messer zur Hand und wer seiner Sache nicht
ganz sicher ist, soll das Schneiden beim lebenden Vogel, zumal beim Papagei,
doch lieber unterlassen. Dagegen wendet man mit Aussicht auf Erfolg auch
von außen Salicylsäure an. Das Geschwür, gleichviel welches (auch jede ent-
zündliche oder nässende oder eiternde Stelle) wird mit erwärmtem Salicylsäureöl
täglich zweimal bis dreimal ganz dünn bepinselt, und wenn der Papagei dann
daran lecken sollte, so kann ihm dies nicht leicht schädlich werden.

Als Krankheitserscheinung bei verschiedenartigen Leiden ergibt sich Würgen und Erbrechen und natürlich kann dasselbe nur durch Hebung der Ursache, also Heilung der eigentlichen Krankheit, abgewendet werden. Hat ein Vogel sich nur gelegentlich überfressen oder unpassendes, schwer- oder unverdauliches Futter bekommen, so ist das Erbrechen wohlthätig, denn die Natur hilft sich damit ja selber. Ist das Erbrechen dagegen Folge von Magenschwäche oder in Erkrankung der Verdauungswerkzeuge überhaupt begründet, so muß ich auf die Behandlung des jemaligen Leidens verweisen. Linderungsmittel bei oft wiederkehrendem, hartnäckigem Erbrechen: Salzsäure im Trinkwasser oder auch im Gegensatz doppeltkohlensaures Natron. — Bei großen Papageien wird Erbrechen manchmal lediglich durch Gemüthserregung, Schreck, Beängstigung u. a. hervorgerufen und dann hat es als vorübergehende Zufälligkeit keine weitre Bedeutung. — Auch kommt eine hierher gehörende Erscheinung vor, welche im Parungstrieb begründet ist, der sich bei einzeln gehaltnen Vögeln, besonders großen Papageien nicht selten einstellt. Kennzeichen: ein bis dahin offenbar kerngesunder, im Aeußern schöner Papagei fängt plötzlich an zu würgen, schüttelt sich, hat wol gar anscheinend krampfhafte Zuckungen unter Augenverdrehen, Sichducken, Flügelhängenlassen, Flügel- und Schwanzspreizen u. a. m. Solch' Anfall geht bald vorüber, wiederholt sich' aber mehrmals am Tage. Der Zustand tritt nur bei wohlgenährten und sehr kräftigen Vögeln ein. Gegenmittel: vor allem Zerstreuung; man beschäftige sich mit dem Papagei sogleich beim ersten Eintreten jenes Zustands viel und angelegentlich, wol gemerkt aber nicht in der Weise, daß man seiner Neigung noch etwa durch Hätscheln und Zärtlichkeitsbezeigung entgegenkommt, sondern vielmehr, indem man ihn durch Zähmungs- und Abrichtungsvornahmen, bzl. Vorsprechen abzulenken sucht. Ferner nehme man mit äußerster Vorsicht einen Wechsel in der Ernährung vor; vorzugsweise nahrhafte und insbesondre erregende Stoffe, so namentlich Hanfsamen, vermindert man möglichst oder läßt sie zeitweise ganz fort, während man anstatt dessen kühlende und mildernde, wie besonders grüne Zweige, etwas Frucht u. dgl. gibt. Wohlthätig wirkt ebenso sehr vorsichtiges Herabmindern der Wärmegrade der Luft und dauerndes Halten in größrer Kühle. Am besten freilich thut man in solchen Fällen daran, wenn man den btr. Vogel mit einem seinesgleichen verpart, bzl. ein richtiges Par zusammenzubringen sucht, und einen Züchtungsversuch anstellt.

Bei geistig hochstehenden Vögeln, also den am reichsten begabten, hervorragenden Sprechern, tritt uns eine Krankheitserscheinung vor Augen, an die wir zunächst kaum glauben möchten, während sie doch thatsächlich vorkommt. Aufmerksame, gewissenhafte Beobachtung hat mich zu der Ueberzeugung geführt, daß solch' Vorgang keineswegs etwa auf Einbildung oder Täuschung meinerseits beruhte. Der Papagei erscheint sehr krank, stöhnt und jammert, zeigt zugleich mancherlei der übrigen vorhin geschilderten Krankheitszeichen; er athmet schwer, liegt auf der Sitzstange auf einer Seite oder auf dem Bauch. Seltsamerweise aber äußern sich alle diese Krankheitserscheinungen immer nur solange, wie die Pflegerin oder ein Andrer im Zimmer zugegen ist, während der Kranke, sobald er sich allein befindet oder, ohne daß er es wahrzunehmen vermag, beobachtet wird, sich ganz ruhig verhält und keinerlei Krankheit erkennen läßt. Eine Erklärung vermag ich in Folgendem zu geben: der verwöhnte verhätschelte Liebling der liebevollen Pflegerin hat es sich bald gemerkt, wodurch er ihre Theilnahme am meisten erwecken kann, ihr zärtlicher, bedauernder Ton ist ihm angenehm, und er weiß es, daß sie umsomehr in diesem zu ihm spricht, je trübseliger und leidender er erscheint. Unpäßlichkeit, vielleicht auch unbedeutender Schmerz, ein wenig Bauchgrimmen oder bergleichen, hat ihn anfangs zum Stöhnen veranlaßt; das liebevolle Bedauern aber gefällt ihm, wie erwähnt, so sehr, daß er jetzt auch stöhnt und jammert, wenn er garkeine Schmerzen hat, daß er also simulirt, wie man zu sagen pflegt. Zur Abhilfe dieser leidigen Gewohnheit der Verstellung, bzl. des Erheuchelns einer garnicht vorhandenen Krankheit gibt es keinen andern Weg, als den, daß man sich hartherzig zeigt und sich um seine angeblichen Schmerzen durchaus nicht bekümmert, ihn vielmehr immer möglichst zu erheitern sucht, zum Sprechen und zur Entfaltung dessen, was er gelernt hat und weiterlernt, anregt, sich viel mit ihm beschäftigt, aber ohne jemals auf seine Verstellungskünste zu achten.

Wassersucht gehört zu den Erkrankungen, welche bei unseren gefiederten Pfleglingen stets gleichbedeutend mit Tod und Verderben sind, glücklicherweise aber nur selten auftreten. Ursache: zunächst lediglich Erkältung und namentlich bei großen Papageien gewaltsames Abbaden, welches man ohne genügende Vorsicht vornimmt; ferner Störungen in der Thätigkeit edler Körperorgane, so vornehmlich Tuberkulose oder Geschwürchenbildung in den Eingeweiden, der Milz u. a. Krankheitserscheinungen: Athembeschwerden, dann aufgeschwollner Leib und im hochgradigen Zustand deutlich wahrnehmbare Flüssigkeit in dem aufgetriebnen Körpertheil.

Krankheiten der Leber und der Milz treten ziemlich häufig ein, doch sind sie im ganzen schwierig zu erkennen, und es ist gerade bei ihnen schlimm, wenn man den Vogel krank vor sich sieht und nicht weiß, bzl. festzustellen vermag, mit welchem Leiden man es eigentlich zu thun hat. Ursache: unrichtige, zu schwer verdauliche oder auch zu reichliche Fütterung, bei nicht ausreichender Bewegung, infolgedessen Verfettung (Fettleber) oder Bildung von Geschwürchen (Tuberkeln) in der Leber. Oft ist sie eine Folge von Darmkatarrh, bei welchem der Darm verschlossen wird, welcher die Galle in den Dünndarm ausführt, wodurch Stauung, Aufsaugung der Galle ins Blut und damit Gelbsucht verursacht wird. Kennzeichen bei letzterer: das Auge und mehr oder minder alle nackten Körpertheile erscheinen krankhaft gelb gefärbt; beim erstern Zustand: erschwertes Athmen, Keuchen, schwerfällige Bewegung, breiige oder dicke Entleerung, bei überaus vollem, wie in Fett eingewickeltem Körper mit schlaffer, faltiger, unthätiger Haut und mehr oder minder großen nackten Stellen. Vorbeugungsmittel: richtige, mannigfaltige und naturgemäß wechselnde, zeitweise aber auch knappe Ernährung, und besonders ausreichende Bewegung. Heilmittel bei Gelbsucht: für ausreichende Entlerung durch Rizinusöl zu sorgen, sodann Eingeben von Salzsäure oder doppeltkohlensaurem Natron; auch Glaubersalz, Aufguß von Kalmuswurzel oder Löwenzahnkraut=Extrakt. Die Tuberkulose oder Geschwürchenbildung in der Leber, auch wol Leberfäule, ist unheilbar. Geschwürchen in der Milz und Milzerweichung dürften wol auf den=selben Ursachen beruhen, dieselben Erscheinungen zeigen und auch in gleicher Weise behandelt werden müssen, wie die Tuberkeln und Verfettung der Leber.

Gehirnerkrankungen finden wir leider häufig und mannigfaltig. Gehirnschlag oder Schlagfluß zeigt sich in folgender Krankheitserscheinung: ein bis dahin offenbar gesunder, sehr munterer und lebendiger Vogel sträubt plötzlich das Gefieder, taumelt oder geht rückwärts, dreht sich um sich selber oder hält den Kopf in sonderbarer Weise schief, unter Augenverdrehen, und rasch tritt der Tod unter Krämpfen ein. Die Öffnung und Untersuchung ergibt: das Gehirn (meistens zugleich das Herz und die Lungen) mit Blut überfüllt, so daß der Tod also durch Schlag verursacht ist. Am häufigsten kommen derartige Fälle bei heißem Wetter vor und zwar durch erhitzende und erregende, ja selbst nur zu reichliche Ernährung, z. B. durch zuviel Hanfsamen, ferner durch starke und trockne Ofenhitze, Wassermangel, zumal in schwüler, trockner Stubenluft; schließlich auch infolge von Aufregungen: Erschrecken, Beängstigung, Eifersucht, u. s. w., besonders aber auch durch geschlechtliche Erregung. Vorbeugungs= mittel: Abwendung aller derartigen unheilvollen Einflüsse, magre und knappe Fütterung, bei vorwaltender Gabe von Grünkraut, Obst u. dgl., und, wenn man bereits Gefahr befürchtet, täglich Salzsäure im Trinkwasser. Noch rasch im letzten Augenblick anzuwendende Heilmittel: kaltes Wasser auf den Kopf, vermittelst Brause oder Auflegen eines damit gefüllten Schwamms, möglichst schleunig bewirkte Abführung durch Rizinusöl und Klystir und, wo thunlich, ein vorsichtig ausgeführter Aderlaß. Viele Vogelpfleger, insbesondre Leute, welche den Gebrauch von Gewaltmitteln nicht scheuen, greifen zum Aderlaß selbst bei der ersten besten Gelegenheit, und zwar in der Weise, daß sie dem Vogel einen Zeh oder wenigstens einen Nagel ohne weiteres fortschneiden. Ich halte solchen Eingriff für unrecht, weil man dem Vogel dadurch unverhältnißmäßig große Schmerzen macht, zugleich aber verabscheue ich unter allen Umständen eine solche zwecklose oder doch wenigstens nicht durchaus nothwendige Verstümmelung eines lebenden Geschöpfs. Will, bzl. muß man, z. B. bei plötzlich eintretenden, hef= tigen Krämpfen, Blutentziehung vornehmen, so sehe ich einen Schnitt an der vollen, fleischigen Brust oder am Schenkel, in beiden Fällen aber nicht zu tief und im letztern keinenfalls so, daß der Knochen berührt wird, als am geeignetsten zur Blutentziehung an; man schneide auch niemals quer, sondern von oben nach unten. Je nach dem Zustand des Vogels läßt man 1 bis 5, höchstens 10 Tropfen Blut sich entleeren und schließt dann die Wunde durch ein blutstillendes Mittel (s. weiterhin bei Wunden).

Krämpfe, epileptische Anfälle u. a. werden durch Störungen in der Gehirnthätigkeit oder in der anderer wichtigen Körpertheile verursacht. Der Papagei stürzt plötzlich zusammen unter heftigen Zuckungen, Flügelschlagen und drehenden Bewegungen oder er zittert, schwankt, verdreht die Augen, dreht und wendet, verzerrt den Kopf, fällt um und zappelt in heftigster Weise, sodaß er einen beunruhigenden Anblick gewährt. Ursachen: unbefriedigter Geschlechtstrieb, Schreck und Beängstigung, starke Ofen- oder Sonnenhitze, Halten im zu engen Käfig. also mangelnde Bewegung bei reichlicher und erregender Fütterung. Vorbeugungsmittel: Abwendung aller jener Fährlichkeiten. Wenn ein Krampfanfall nur einmal vorgekommen, so hat er meist keine große Bedeutung; erst bei Wiederholung wird er beunruhigend, und der Vogelpfleger suche die Ursache zu ergründen und abzuwenden. Für krampfhafte Erscheinungen infolge von Parungstrieb habe ich das Verfahren bereits S. 106 angegeben; bei allen Krämpfen aber ist noch folgendes zu beachten. Während des Anfalls nimmt man den Vogel in die Hand, damit er sich beim stürmischen Umhertoben nicht stoße und beschädige, und hält ihn aufrecht, wodurch ihm zugleich Linderung gewährt wird; doch hat man sich dabei vor seinem Bissen zu hüten. Gerade bei Krämpfen wird das rohe Mittel des Nagel- oder Zehabschneidens am meisten angewandt, selbstverständlich aber gilt hier das, was ich bereits gesagt. Heilmittel: wiederholte Gabe von einfacher Opiumtinktur, sowie von ätherischer oder einfacher Baldriantinktur und namentlich ein Dampf- oder Sandbad, auch plötzliches Begießen mit kaltem Wasser, letztres kaum erfolgversprechend. Wirkliche Hilfe kann nur durch Ermittelung und Hebung der Ursache des Reizes erlangt werden. — Lähmung der verschiedensten Körpertheile, am häufigsten der Füße, kann zunächst durch eine Verletzung des Rückgrats durch plötzliches Auffliegen und heftiges Anstoßen gegen eine scharfe Ecke verursacht sein. In diesem Fall ist Heilung kaum zu ermöglichen, und ich kann nur auf das einzige Linderungs- und Heilungsmittel verweisen, welches ich bei jeder Gehirnverletzung angegeben: unbedingte Ruhe. — Anderweitige Lähmungen kommen von rheumatischen u. drgl. Leiden her, welche ich späterhin besprechen werde.

Erkrankungen sind auch die Vergiftungen, die sich stets an auffallenden Krankheitszeichen erkennen lassen, während die Feststellung des Gifts schwierig und sogar unmöglich ist. Falls aber das Gift nicht zu ermitteln, so ist die Behandlung und damit die Aussicht auf Heilerfolg unsicher. Man thut gut daran, beim Verdacht jeder Vergiftung einhüllenden Schleim, Eiweiß, Altheewurzel- oder Leinsamen-Abkochung u. drgl., sowie kohlensaure oder gebrannte Magnesia in Wasser angerieben zu geben. Kennzeichen nach Prof. Dr. Zürn: „Die mineralischen Gifte beschädigen das Thier meistens durch starkes Reizen der Magen- und Darmschleimhaut, durch erhebliche Entzündungszustände derselben. Die Giftpflanzen wirken durch ihren Gehalt an narkotischen Stoffen auf die Nervencentren und das Blut insbesondre, oder durch den Gehalt an scharfen, erheblich reizenden Stoffen dann auch noch in eigenthümlicher Weise auf Magen, Darm, Nieren." Die narkotischen Gifte, welche im Großen und Ganzen sich dadurch auszeichnen, daß sie bei den Thieren starken Blutzufluß nach dem Gehirn und Rückenmark, sowie später Lähmung hervorbringen, können in ihrer Wirkung abgeschwächt werden durch Essig, Tanninauflösung, schwarzen Kaffee u. a.; Glaubersalz als Abführungsmittel, kalte Begießungen auf Kopf und Rücken oder ein Aderlaß bringen sonst noch bei Vergiftung Linderung oder Hilfe. Nach Genuß scharfstoffiger Pflanzentheile sind Abführmittel, dann Schleim und Chlorwasser zu empfehlen. Es gibt aber auch Giftpflanzen, welche narkotische und sehr scharfe Stoffe zugleich enthalten. Nach jeder Vergiftung zeigen sich, selbst wenn das bedrohte Thier gerettet ist, noch Nachwehen. Allgemeine Schwäche oder Hinfälligkeit dauert kürzere oder längre Zeit an, je nach dem Gift, auch Verdauungsschwäche, Mangel an Freßlust u. a. und in vielen Fällen bleibt nach abgewendeter Gefahr noch immer Darm- und Magenkatarrh zurück.

Papageien vergiften sich leider häufig mit Oxalsäure (Zuckersäure), wenn sie am Messinggitter lecken, das geputzt und nicht sorgfältig trocken abgerieben ist. Erkennungszeichen: Taumeln, Kraftlosigkeit, Krämpfe, schwarze, schmierige und dann auch blutige Entleerung. Heilmittel: die bei allen Vergiftungen überhaupt angegebenen schleimigen Stoffe und insbesondre gebrannte Magnesia. Will der Papagei all' dergleichen freiwillig nicht nehmen, so gebe man ihm reichlich starkes Zuckerwasser und darin wenigstens etwas in Wasser angeriebne gebrannte Magnesia. Ein Papagei, welcher sich frei bewegen darf, zieht sich durch Knabbern an Zündhölzchen Phosphorvergiftung zu. Krankheitszeichen: Gesträubtes Gefieder, Zittern, Dasitzen mit gekrümmtem Rücken und halbgeschlossenen Augen, mangelnde Freßlust, Durst, wäßriger und blutiger Durchfall, Hinfälligkeit. Man ermittelt den Zustand durch Phosphorgeruch aus dem Schnabel. Heilmittel: Chlorflüssigkeit, reines Terpentinöl und Eiweiß oder andrer einhüllender Schleim. — Wiederum eine Vergiftung bedroht den sich frei umherbewegenden Papagei, indem er einen Zigarrenstummel zernagt. Krankheitszeichen: Zittern, Taumeln, Lähmung, Krämpfe und gleichfalls blutige Entleerung. Heilmittel: Eiweiß oder Schleim und starke Gabe von Rizinusöl zum Abführen. — Wenn ein Papagei eine bittre Mandel oder eine verdorbne, bitter gewordne Nuß gefressen, sind Krankheitszeichen: Beängstigung, Taumeln, Umfallen und Unfähigkeit sich zu erheben, Zittern, Krämpfe. Heilmittel: Eintauchen in kaltes Wasser und Begießen mit solchem, innerlich Salmiakgeist oder Hoffmannstropfen, halbstündlich und etwa dreimal im Tage. — Kupfervergiftung kann vorkommen, indem ein Papagei am unsauber gehaltnen grünspanig gewordnen Gitter eines Messingbauers leckt oder knabbert. Krankheitszeichen: verringerte und dann ganz mangelnde Freßlust, Würgen und Erbrechen, aufgetriebner Bauch und Schmerz beim Drücken, Federnsträuben und Hocken am Boden, heftiger Durchfall mit grün aussehender und blutiger Entleerung. Heilmittel: viel Eiweiß und andrer Schleim, Molken, gebrannte Magnesia. — Vergiftung durch Arsenik könnte eintreten, wenn man Ratten- oder Mäusegift unvorsichtig auslegt, am leichtesten aber infolge Benagens arsenithaltiger Tapeten. Selbst bei geringster Arsenikaufnahme ist der Tod fast immer unabwendbar. Erkrankungszeichen nach Zürn: Völlig mangelnde Freßlust, Durst, Speichelabsonderung aus dem Schnabel, häufiges Schlucken, große Angst und Unruhe, Auslerung dünner, übelriechender, meist blutiger Kothmassen, erschwertes, verlangsamtes Athmen, unter den naturgemäßen Zustand weit herabgesunkne Körperwärme, vergrößerte Pupillen der Augen, Taumeln, Zittern, Krämpfe, rasch eintretender Tod. Heilmittel nach Zürn: Zuckerwasser, Eiweiß, Schleim, gebrannte Magnesia, vornehmlich aber Löschwasser aus der Schmiede, das Antidotum arsenici oder auch gallertartiges Eisenorybhydrat. — Auch die übrigen stärksten Gifte, wie Strychnin und die Salze desselben, ferner alles, was zur Herstellung von vergiftetem Weizen oder als Mäuse= und Rattengift überhaupt dient, könnte einem Papagei gelegentlich gefährlich werden, indem es durch jene Nager verschleppt und dadurch oder durch Entlerung in irgendwelches Vogelfutter gebracht wird. In fast allen Fällen sind Papageien bei derartiger Vergiftung vonvornherein verloren, selbst wenn man die Ursache sogleich mit Sicherheit festzustellen vermag; bevor das Gegenmittel zur Anwendung, bzl. zur Wirkung kommt, ist der Tod bereits eingetreten. Nach Zürn Krankheitserscheinungen bei Strychninvergiftung im leichtern Fall: angstvolle Unruhe, Zuckungen, dann Steifheit einzelner Glieder und des ganzen Körpers; bei Vergiftung im stärksten Maß: heftige Krämpfe, Verzerrung von Kopf und Hals nach den Rücken, Lähmung, Erstickung. Er empfiehlt künstliche Respiration durch Lufteinblasen und wechselndes Zusammendrücken und Ausdehnen der Brust, Tanninauflösung, Einathmen von Aether und Aderlaß; nach meiner Ueberzeugung ist alles vergeblich. — Kohlendunst, bzl. Kohlenorybgas, kann, insbesondre bei Oefen mit Heizung von innen (während diese doch am vortheilhaftesten der Lüftung wegen sind) eintreten. Rauch und Dampf vermögen die meisten Vögel leidlich gut zu ertragen, d. h. freilich nur, wenn das Zimmer gelegentlich einmal davon erfüllt, dann aber wiederum schleunigst gelüftet wird. Bei häufigem oder gar andauerndem Einströmen können verherende Wirkungen sich zeigen. In gleicher Weise unheilvoll kann für einen Papagei das Leuchtgas werden, falls dasselbe durch ein undichtes Rohr u. a. einzudringen vermag. Hilfsmittel: selbst auf die Gefahr der Erkälung hin, muß man schleunigst der freien Luft Eingang verschaffen, jeden erkrankten Vogel hinaus oder doch in ein frischgelüftetes, sonniges Zimmer bringen; ist ein Vogel schon betäubt, selbst ohne Lebenszeichen, besprenge man ihn vermittelst Brause mit kaltem Wasser, halte ihm auch wol vorsichtig Salmiakgeist oder Hoffmannstropfen auf einem Baumwollflöckchen vor den Schnabel und flöße ihm 1—2 Tropfen ein. Im übrigen muß er sich von selber an der Luft erholen. — Ueber Tabaksrauch habe ich schon S. 83 gesprochen. Bei plötzlicher, starker Wirkung, wenn z. B. ein Papagei im Zimmer, in welchem ausnahmsweise einmal viel geraucht worden, erkrankt ist, wendet man dieselben Ermunterungs= und Heilmittel an, welche ich bei Kohlendunst=

vergiftung angegeben. Wenn der Papagei aber dem derartigen, schwächern Einfluß dauernd oder häufiger ausgesetzt ist, erkrankt er entweder an Lungenentzündung oder geht langsam an Abzehrung zugrunde. Heilung ist nur dadurch möglich, daß man ihn in reine, warme Luft bringt und zweckmäßig behandelt.

Auch Pflanzengifte können mehrfach zur unheilvollen Geltung kommen; so grüne Zweige vom Lärchenbaum, die sich bereits in vielen Fällen als schädlich erwiesen haben. Gleiches gibt Zürn von Blättern und Beren des Eibenbaums (**Taxus baccata**) an. Vorzugsweise gefährlich sind Hundspetersilie, Wolfsmilch, Nachtschatten, Hahnenfuß u. a. Ein frei im Zimmer sich bewegender Papagei kann auch vom Oleander oder anderen, gleichfalls schädlichen Stubenpflanzen fressen; schließlich könnte eine Verwechslung mit giftigen Beren, namentlich der Tollkirsche, vorkommen. Krankheitserscheinungen in allen solchen Fällen: Gesträubtes Gefieder, Flügelhängen, sonderbare Bewegungen, Strecken, Seitwärts- und Rückwärtsbiegen des Halses, krampfhaftes Schlucken und Schnabelaufsperren, als wolle der Vogel etwas entleeren, Taumeln, starres Ausstrecken der Füße, bald krampfhafte Zuckungen des ganzen Körpers und Tod. Fast regelmäßig ist der Vogel verloren; der einzige Weg zur Rettung ist schleunige Entlerung durch Beibringen von dünnem Schleim mit Oelgemisch und Glaubersalzauflösung, ferner Oelklystire, wie bei Verstopfung angegeben, und Erwärmung des Unterleibs durch handwarmen Sand. Bei allen narkotischen Pflanzengiften, die betäubend und lähmend wirken, verordnet Zürn: Essig, Tanninauflösung oder schwarzen Kaffe, v. Tresckow noch Zitronensäure. Gleiche Vergiftung wie durch bittere Mandeln kann auch durch Kerne von Pfirsichen, Pflaumen, Kirschen u. a. verursacht werden.

Eingeweidewürmer. Mehrfach sind Bandwürmer bei Papageien nachgewiesen worden. Meistens leiden Papageien durch derartige Schmarotzer wol nur wenig; immerhin aber können, wenn sie massenhaft vorhanden, erhebliche Gesundheitsstörungen verursacht werden. Kennzeichen: Solch' Papagei sitzt traurig da, mit gesträubten Federn, zeigt schleimige, wol mit Blutstreifen gemischte Entlerungen, leidet an immerwährendem Darmkatarrh, magert ab und geht, besonders wenn er schwächlich ist, durch Verkümmern zugrunde. Einziges Vorbeugungsmittel: äußerste Reinlichkeit. Zürn empfiehlt vor allem gepulverte Arelanuß, welche indessen (wie freilich alle Arzneimittel) den Vögeln schwierig beizubringen ist; ebenso verhält es sich mit Rainfarn- und Wurmfarnwurzel u. drgl. gegen Eingeweidewürmer. Dagegen habe ich beobachtet, daß nach mehr oder minder großen Gaben von Leinöl, vielleicht auch anderen Oelen, sowol Band- als auch andere Eingeweidewürmer entlert wurden. Uebrigens gelten ebenso die Kürbiskerne als Wurmmittel, und namentlich Papageien nehmen dieselben gern.

Die äußerlichen Krankheiten. Wunden. Alle Vögel haben in höherm Maß als die meisten übrigen Thiere die Fähigkeit zur Selbstheilung. Sogar bedeutende Wunden heilen lediglich durch Reinhaltung, also Auswaschen vermittelst eines Schwamms mit reinem Wasser, Kühlung mit letzterm, Anwendung besinfizirender Mittel, wie namentlich Karbolsäure, und sodann Ruhe, in kürzester Frist. Schnittwunden, vorausgesetzt daß sie mit einem scharfen und reinen Messer beigebracht worden, heilen am leichtesten, doch kommen sie bei Papageien kaum oder nur selten vor. Behandlung wie vorhin angegeben und mit Karbolsäureöl. Häufiger sind Biß= oder Rißwunden, letztere durch hervorstehende Draht= oder Nagelspitzen verursacht. Jede derartige Quetsch= und Rißwunde heilt schlechter, weil sie Entzündung und Eiterung mitsichführt. Soweit als möglich Ausblutenlassen, Auswaschen mit Arnikawasser, oder, wenn schlimmer, Kühlen mit Bleiwasser, dann Aufstreichen von Glycerin=, Vaseline= oder Bleisalbe. Da letzte giftig ist, aber auch die ersteren vom Papagei stets abgeleckt werden, so ist es nothwendig, den verwundeten Körpertheil, nach gut angelegtem Verband, durch Einnähen in feste, grobe Leinwand zu sichern. Ist die Wunde tief und blutet sie stark, so muß, nach sorgfältigem Reinigen vermittelst eines in Arnika= oder Bleiwasser getauchten Schwamms, blutstillende Watte aufgelegt oder blutstillendes Kollodium übergepinselt werden; auch stillt man die Blutung wol durch Eintauchen in oder Ueberpinseln von Eisenchloridflüssigkeit. Allerschlimmstenfalls ist die Wunde mit einer chirurgischen Naht zu schließen, was am besten ein Wundarzt oder Heilgehilfe ausführt, und dann wird gleichfalls Kollodium darübergestrichen. — Brandwunden behandelt man wie beim Menschen mit Liniment aus Kalkwasser und Leinöl oder Bleiessig und Baumöl, im leichtern Fall mit Blei=Kollodium; immer muß man aber mit einem dicken Bausch von Watte zum Abschluß der Luft und, damit der Vogel nicht an den giftigen Bleimitteln lecken kann, wie bereits vorgeschrieben, einen festen, sichern Verband anlegen und im Nothfall den Körpertheil einnähen. Mehrfach sind schwere Verletzungen in der Weise eingetreten, daß ein Papagei auf ein heißes Plätteisen, einen ebensolchen Lampenzylinder, eine Kochplatte sich gesetzt oder einer glühenden Ofenthür zunahe gekommen; im ersten Augenblick kann man dann den Vogel sofort in lose, saubere Baumwolle oder Watte hüllen und in einen offnen Käfig bringen, wo er durchaus ruhig verbleibt, bis man alle Hilfsmittel zur Hand hat, um die oben angegebne Behandlung vornehmen zu können. Sorgfältigste Reinlichkeit ist bei der Behandlung aller Wunden das erste und wichtigste Erforderniß; die Schwämme sowol, als alle übrigen Gebrauchsgegenstände beim Verbinden der Wunden müssen höchst sauber gehalten werden; erstre sind nach dem Gebrauch stets in siedendem Wasser auszubrühen, auch wol auszukochen und dann in reinem, kaltem Wasser noch mehrmals durchzuwaschen; die letzte Ausspülung sollte stets in abgekochtem oder besser destillirtem Wasser geschehen. Schließlich ist zur Heilung jeder Wunde unbedingte Ruhe durchaus erforderlich.

Auch Knochenbrüche heilen bei Vögeln erstaunlich leicht. Der einfache Fußbruch oberhalb des Knöchels bedarf lediglich der Ruhe, um vortrefflich wieder einzuheilen, sodaß der Fuß meistens nicht einmal schief wird. Rathsamer

ist es, die beiden Knochenenden durch vorsichtiges Ziehen in die richtige Lage zu
bringen, zwischen zwei glatte Hölzchen als Schienen zu legen, und diese ziemlich
fest mit gestrichnem Heftpflaster, besser mit Leinwand oder am wohlthätigsten mit
einem dicken, weichen Baumwollfaden zu umwinden, darüber Gipsbrei oder dick-
gekochten, warmen Tischlerleim zu bringen, den Papagei bis zum Trocknen fest-
zuhalten und ihn dann in einen engen Käfig zu stecken. Nach etwa vier Wochen
kann man den Verband durch Aufweichen mit Wasser, bzl. Lösen mit einer
Schere, vorsichtig abnehmen. Die Schienen, welche man eigentlich nur beim
schweren Bruch anzulegen braucht, können in glatten, dünnen Hölzchen bestehen,
oder in hohlen, halbröhrenförmigen Stäben von Rohr oder Flieder; immer
müssen sie, wenn möglich, den ganzen Fuß umschließen. Schwieriger ist ein
Bruch am Flügel zu heilen; um Schmerz und Reiz zu vermeiden, müssen die
Federn abgeschnitten, aber nicht ausgezupft werden.

Geschwüre bilden sich (außer den bei inneren Krankheiten bereits erwähnten) an verschiedenen Körpertheilen bei Papageien leider nicht selten. Zunächst untersuche man sorgsam, ob die Anschwellung hart oder weich, ob sie fest
und fleischig oder mit Flüssigkeit, Eiter, bzl. Brei gefüllt ist, ferner ob sie entzündet, roth und heiß oder gelb ist, und dem Befund entsprechend muß das
Geschwür behandelt werden. Das reife Eitergeschwür, welches also mehr oder
minder weich ist und gelb aussieht, kann gewöhnlich ohne Gefahr durch einen
Einschnitt und gelindes Ausdrücken entlert und dann mit einem in Karbolsäureöl getauchten Bäuschchen von Wundfäden (sog. Charpie) oder mit Wundwatte verbunden werden; keinenfalls mache man den Einschnitt zu tief, und
das Ausdrücken muß möglichst vollständig, doch vorsichtig geschehen. Kleinere
Geschwüre braucht man dann nur mit Karbolsäureöl auszupinseln, und auch bei
den größten ist das Anlegen des Verbandes blos in den ersten Tagen nothwendig. Ein hartes, insbesondre großes und tiefliegendes Geschwür erweicht
man mit warmem Breiumschlag, bis Reife eingetreten; eine sehr entzündete
Anschwellung kühlt man mit Bleiwasser und erst, wenn man sich überzeugt hat,
daß sich wirklich ein Geschwür bildet, sucht man es durch warmen Breiumschlag
baldigst zu erweichen. Leider nur zu häufig treten bei Papageien Balggeschwüre auf, besonders am Kopf, neben dem Schnabel oder in der Augen-
gegend. Ein Balggeschwür ist weder hart, noch weich, mit breiiger Masse gefüllt und vergrößert sich übermäßig oder geht tiefer und verursacht dem Vogel
in jedem Fall Unbequemlichkeit und Schmerzen; solange das Balggeschwür klein
ist und lose in der Haut sitzt, läßt es sich durch Aetzen mit Höllenstein oder
besser noch durch Abbinden vermittelst eines dünnen, aber festen Fadens entfernen. Man faßt es mit Zeigefinger und Daumen der rechten Hand, hebt es
hoch und ein Andrer legt nun den Faden um, indem er möglichst kräftig zu-
schnürt. Der unterbundne Theil stirbt ab und sobald die Stelle verheilt, fällt
das Abgeschnürte von selber hinweg. Will man lieber fortschneiden, so verfährt
man ebenso, nur daß man, anstatt den Faden umzulegen, vermittelst eines

scharfen Messers das Ganze schnell, doch vorsichtig herauslöst. Dann wird verbunden und behandelt. Meistens jedoch kommen die Balggeschwüre aus innerer Verderbniß der Säfte her und das örtliche Fortbringen des einzelnen nützt dann nichts, weil immer neue entstehen. Der Papagei ist dann verloren, falls er nicht durch strengste Enthaltung von jeder naturwidrigen Fütterung und durch sorgsamste, naturgemäße Pflege, vor allem aber durch die Einwirkung frischer Luft unter Anwendung der Salicylsäurekur (s. S. 105) wiederhergestellt werden kann. Größtentheils aus den letzterwähnten Ursachen bilden sich auch warzenartige Auswüchse oder Wucherungen, die wol gar aufbrechen, massenhaft Flüssigkeit (Lymphe) oder Eiter absondern, manchmal ganz wund werden; sie sind meistens kaum zu heilen, und zugleich kann im letztern Fall Ansteckung eintreten. Besteht eine Geschwulst bloß in einer Fleischwucherung, vielleicht von warzenartiger Beschaffenheit, so kann man sie, wenn sie klein ist, durch Abschneiden und wenn größer, durch Abbinden entfernen. Ist es aber eine tiefgehende, mehr oder minder große und verhärtete Geschwulst, welche aufbricht und viel Flüssigkeit oder Eiter absondert, während auch wol sog. wildes Fleisch hervorwuchert, so ist die Heilung schwierig, und es kann ein krebsartiges oder sonstwie ansteckendes Geschwür sein. Man bepinselt die ekelhaft aussehende, rohe Fleischmasse mit Aloë- und Myrrhentinktur drei Tage, am vierten betupft man an der ganzen Oberfläche mit einem befeuchteten Höllensteinstift und am fünften bestreicht man sie mit verdünntem Glycerin, um am sechsten Tage wiederum in derselben Reihenfolge anzufangen. Dazu wendet man die S. 105 erwähnte Salicylsäure-Kur an. Eine sog. Fettgeschwulst, welche durch naturwidriges Wuchern der Fettzellen entsteht und selten vorkommt, ist nicht durch Futterentziehung zu heben, sondern durch Aufschneiden, Entleerung vermittelst gründlichen Ausdrückens und Auspinselung mit Karbolsäure. Gleiches ist den sog. Grützbeuteln oder Grützgeschwüren gegenüber zu beachten. Sie bestehen in einer runden, weich anzufühlenden, weder erhitzten, entzündlichen, noch eiterig gelben Geschwulst und enthalten eine ekelhafte, weiße, dünnbreiige Masse, müssen nach einem tüchtigen Schnitt durch Ausdrücken entleert und innen mit Karbolsäureöl ausgepinselt werden.

Hier und da, wenn auch glücklicherweise nur sehr selten, tritt bei frisch eingeführten großen Papageien außerordentlich schwere Erkrankung an Gregarinose auf. Unter denen, die ich behandeln konnte, hatte ich den schwersten, förmlich unheimlichen Fall der Gregarinose an zwei Papageien aus dem zoologischen Garten von Berlin vor mir, die beide daran starben, während mir in mehreren leichteren Fällen die Heilung geglückt ist. Das Krankheitsbild zeigt sich gewöhnlich in mehr oder minder großen Anschwellungen um und über die Augen und den Schnabel, an oder in der Kehle und auch an verschiedenen anderen empfindlichen Körperstellen, die bei Schnitt oder Oeffnung eine käsige Masse enthalten. Als Heilmittel habe ich innerlich Salicylsäure in starker Gabe und für längere Zeit und äußerlich Jodkalium oder graue Quecksilber-

8*

salbe angewendet. Hauptsache ist der Schutz vor Ansteckung. Ich bitte auch unter Darmentzündung S. 98 nachzulesen.

Gicht, Rheumatismus und mancherlei Lähmungen. Ursachen: Erkältung oder auch Verletzung, sowie Sitzen auf zu dünnen und scharfkantigen oder überhaupt nichts taugenden Stangen. Krankheitszeichen: Verminderung der Freßlust, Fieber mit Gefiedersträuben und Schütteln, Anschwellungen an den Gelenken der Flügel und Füße, die anfangs hart, stark geröthet, heiß und schmerzhaft sind, dann weich sich anfühlen und eine mit Blut und Eiter ge= mischte Flüssigkeit enthalten; späterhin werden sie wieder hart, und der Inhalt ist gallertartig und käsig; zuweilen findet nach Wochen Selbstheilung statt, doch bleibt gewöhnlich Verdickung des Gelenks zurück. In einem andern Fall tritt langsame Abmagerung bei Blutarmuth (blasse Schleimhäute), dann starker Durchfall und Tod an Erschöpfung ein. Vorbeugungsmittel: Abwendung der vorhin angeführten Ursachen, so jeder Erkältung, vornehmlich beim Stuben= reinigen, bzl. Lüften frühmorgens. Heilmittel: Trockenheit und Wärme; wenn die Anschwellung entzündlich und heiß, Kühlen mit Blei= oder Essigwasser, falls die Anschwellung hart, Einreiben mit Kampher= und Ameisenspiritus oder Pinseln mit verdünnter Jodtinktur, auch Bewickeln mit erwärmtem Wollzeug; wenn die Geschwulst eiterig, Aufschneiden, doch keinenfalls zu früh, Ausdrücken und Auspinseln mit Karbolsäurewasser; innerlich Salicylsäure im Trinkwasser. — Rheumatische Leiden, die in schmerzhafter Lähmung ohne Gelenkan= schwellungen sich äußern, können gleicherweise durch Erkältung, besonders Zug= luft oder nach unvorsichtigem Abbaden u. s. w. entstehen. Heilungsversuch: Einreiben mit warmem Oel oder besser erwärmter Rosmarinsalbe und Umwicklung des schmerzhaften Glieds mit einem erwärmten Wolltuch, welches selbstverständlich festgenäht oder durch einen entsprechenden Verband befestigt sein muß. Be= pinseln mit Petroleum oder gereinigtem Terpentinöl darf man nur im Nothfall anwenden, denn der Geruch ist für jeden Vogel widerwärtig und schädlich. Warmer Raum und wenn möglich warmes Sandbad sind nothwendig.

Fast am allerseltensten, erfreulicherweise, kommt das Heraustreten des Darms oder der Legeröhre bei den großen Papageien vor. Man wäscht diesen Darmvorfall mit handwarmem Wasser, in welchem ein wenig Tannin auf= gelöst worden, trocknet den Vorfall dann durch Betupfen mit einem Leinentuch, bestreicht ihn mit mildem Olivenöl und bringt ihn vermittelst der Finger vorsichtig wieder zurück. Tritt er sodann nochmals wieder heraus, so kann man ein hier und da gebrauchtes Hausmittel anwenden, welches mir kürzlich den erhofften Dienst bestens geleistet hat. Nach dem Abbaden und sorgfältiger Rei= nigung, sowie namentlich bestem Betrocknen, bestreut man den Vorfall mit aller= feinst gepulvertem Kolophonium und bringt ihn nun recht sorgfältig und gründ= lich wieder hinein. Dann wird die Oeffnung etwa zehn Minuten lang sanft zugehalten, und wenn trotzdem der Austritt abermals erfolgt, wird das Hinein= bringen wiederholt und dann in der Regel mit glücklichem Erfolg.

Augenkrankheiten kommen bei Papageien leider häufig vor; sie können auch vielfach auf anderweitiger Erkrankung beruhen, bei welcher das Auge und seine Umgebung in Mitleidenschaft gezogen wird. Zunächst treten uns Anschwellungen und Entzündungen der Augenbindehäute, durch Erkältung hervorgebracht, entgegen. Krankheitszeichen: Augenthränen, Anschwellen der Lider und Lichtscheu. Heilmittel: Pinseln mit lauwarmer Chlorflüssigkeit oder Alaun- oder Zinkvitriolauflösung. Ferner kann Entzündung der Bindehäute, sowie auch der Hornhaut durch Stöße oder Bisse ins Auge entstehen. Heilmittel: Kühlen mit Wasser, bzl. Bleiwasser, Einpinseln von Zinkvitriolauflösung oder Pottaschelösung mit Opiumtinktur. Innere Augenentzündungen, welche Blindheit (grauen Star) bringen, treten nur selten auf. Wenn man einen augenscheinlich blinden oder blindwerdenden Vogel, dessen Auge keine äußerliche Krankheit erkennen läßt, daraufhin behandeln und wenigstens einen Heilungsversuch anstellen will, so darf man immerhin das einzige hierhergehörende Heilmittel: Einpinselung auf den Augapfel von schwefelsaurem Atropin (nach Zürn) anwenden. Aussicht auf Erfolg ist nur beim Beginn der Krankheit vorhanden, welche sich aber leider meistens erst dann feststellen läßt, wenn der Vogel schon ganz oder doch nahezu blind geworden. Bei schwerer Verletzung des Auges durch Schlag, Stich oder Biß, wobei der Augapfel beschädigt worden, läßt sich ein sachgemäßer Verband, bzl. eine solche Behandlung überhaupt, nur schwierig ermöglichen. Man suche nach Anwendung der obengenannten kühlenden Mittel, namentlich Auflegen von weicher, in Bleiwasser getauchter Leinwand, einen Schutz des Auges dadurch zu erreichen, daß man beim großen Vogel eine Wallnußschale an der Kopfseite so anbringt, daß sie das von dem Leinwandläppchen (oder besser Wundfäden) umhüllte Auge schützend einschließt. Befestigung am besten vermittelst dünner Streifen von Heftpflaster und dann Umwickeln des Kopfs mit einem schmalen Leinen- oder Baumwollband. Die Naturheilkraft des Vogels thut dann außerordentlich viel. Dieser Verband braucht nur etwa alle drei Tage einmal erneuert zu werden.

Schnabelkrankheiten. Bei zu großer Sprödigkeit des Horns kann eine mehr oder minder tiefgehende Spaltung, bzl. ein Riß im Schnabel oder die Zersplitterung, Zerfaserung. Wucherung an der Schnabelspitze eintreten. Im erstern Fall bepinsele man nicht bloß den Riß an sich, sondern auch den ganzen Schnabel täglich ein- bis zweimal mit erwärmtem, mildem Oel. Dabei ist natürlich sorgsame Reinhaltung durch häufiges Auswaschen der Spalte mit einem feinen weichen Pinsel mit Karbolsäurewasser nothwendig, soweit es sich um einen tiefgehenden und schmerzhaften Riß handelt; auch kann man die Stelle, nachdem sie gut abgetrocknet worden, mit Kollodium bestreichen. Wenn der Riß tiefgehend ins Fleisch reicht oder den Schnabel klaffend spaltet, muß ein Verband angelegt werden; zunächst wird der Riß gereinigt, dann streicht man zwischen beide Flächen Karbolsäureöl, klebt einen entsprechenden Heftpflasterstreif darum und umgibt die Stelle schließlich, falls es eben ausführbar ist, mit

einer Schiene, indem man eine der Länge nach gespaltne Federpose, ein Rohr-
oder Strohhalmstück anbringt und befestigt. — Schlimmer gestaltet sich in vielen
Fällen die Schnabelmißbildung, welche mit Zersplitterung der Spitze,
Spaltung in zahllose Fasern und unnatürlicher Wucherung beginnt und allmählich den ganzen Schnabel ergreift, sodaß der Vogel dadurch gleichfalls meistens
arg bedroht wird. Heilung schwierig; erste Bedingung: durchaus gesundheits-,
bzl. naturgemäße Verpflegung, Kräftigung durch Baden, Hinausbringen an die
freie Luft; Heilmittel: täglich mehrmaliges Bestreichen mit warmem Oel, immer
erneutes Verschneiden, so tief als nur angängig und unmittelbar darauf Bepinseln mit Kollodium. Glücklicherweise seltner als andere Schnabelverkrüppe-
lungen kommt ein schiefgewachsener oder wie man zu sagen pflegt Kreuzschnabel
vor. Heilung: Zuerst muß man den schiefgewachsenen Theil des Schnabels mit
einem scharfen Messer soweit als irgend thunlich verschneiden, ohne das
Lebendige zu verletzen, dann wird der verbogne Theil, nachdem er mit recht
warmem Oel bepinselt worden, vermittelst eines handwarmen Plätteisens möglichst nach der naturgemäßen Gestalt hin zurückgestrichen, darauf umwickelt man
den, am besten nochmals mit dem warmen Oel bepinselten Schnabel fest der
richtigen Lage gemäß mit starker Leinwand und erst nach einigen Stunden löst
man diesen Verband, damit der Papagei wieder fressen kann. Dies Verfahren
wiederholt man alle zwei bis drei Tage. Sobald der Schnabel nachzuwachsen
beginnt, muß das Streichen wennmöglich noch häufiger geschehen.

Fußkrankheiten (s. auch Fußpflege S. 91). Am vernachläßigten
Vogelfuß bilden sich unter der Schmutzkruste leicht Entzündung, Eiterung, Ge-
schwüre, welche wol zur mehr oder minder bedeutsamen Gelenkentzündung, zum
Absterben einzelner Zehen und selbst zum Verlust eines ganzen Fußes führen
können. Heilmittel: tägliches Baden des Fußes in warmem Seifenwasser,
Kühlen der entzündeten Stelle mit Bleiwasser, dann Bepinseln mit verdünntem
Glycerin und Bestäuben dick mit feinstem Stärkemehl, in hartnäckigen Fällen:
Bestreichen mit Bleisalbe oder, wenn die Wunde nässend ist, mit Bleiweißsalbe;
dann muß der Fuß aber in ein Lederbeutelchen gesteckt und dieses fest verbunden
oder vernäht werden, weil solche Salben giftig für den Papagei sind. —
Schlimmer sind Verhärtungen, aus denen entweder Geschwüre in den Gelenken
(Knollen genannt) oder Hühneraugen sich bilden. Beide entwickeln sich an der
untern, innern Fußfläche und verursachen dem Vogel soviel Schmerz, daß er
daran verkümmern kann. Im erstern Fall Behandlung wie vorhin angegeben,
in beiden Entfernung vor allem der leidigen Entstehungsursache, nämlich der
unzweckmäßigen Sitzstangen. Die Knollen, oft steinharte, häutige und förmlich
verknöcherte Gebilde, und gleicherweise die Hühneraugen oder Leichdornen erweicht man zunächst durch Einreiben mit erwärmtem Olivenöl und dann
Waschen mit warmem Glycerin- oder Seifenwasser, um dann mit einem scharfen,
spitzen Messer alle harte Haut, sowie den eigentlichen Leichdorn, sorgsam heraus-
zuschälen, wobei man natürlich nicht wund schneiden darf. — Durch Druck

oder Reibung des Rings an einer Papageienkette können gleichfalls Verhärtungen, Geschwüre oder Lähmung hervorgerufen werden; in allen solchen Fällen ist der Ring sogleich zu entfernen und der Papagei, falls er noch nicht ungefesselt auf der Stange sitzen darf, in einen zweckmäßig eingerichteten Käfig zu bringen, wo der Fuß meistens von selber heilt und nur im bereits sehr schlimm gewordnen Fall, wie oben gesagt, zu behandeln ist. — Glücklicherweise selten kommt es vor, daß ein Papagei durch Hängenbleiben im Draht, in einer Ritze oder Spalte sich einen Zehnagel ausreißt oder denselben, bzl. den Fuß beschädigt. Heilung: Zunächst Kühlen mit Bleiwasser oder Waschen mit Arnikawasser, Trocknen vermittelst eines weichen Leinentuchs und Bepinseln mit Bleikollodium; Ruhe bestes Heilmittel. Vermag sich der Vogel nicht auf der Sitzstange zu halten, so muß der Boden des Käfigs mit Löschpapier belegt werden. — Verkrüppelte Zehen, meist durch lang dauernde Vernachlässigung verursacht, versucht man durch sorgfältigste Fußpflege, fleißiges Abbaden und zeitweise gelindes Zurechtdrücken zu heilen. — Unheilvoll ist der krankhafte Hang bei Papageien, sich einen Fuß zu benagen und wol gar ganze Zehen abzufressen. Heilung ohne Hebung der eigentlichen Ursache ist nicht zu erreichen; zunächst untersuche man, ob ein äußrer Reiz vorhanden, welchen man durch Baden der Füße, bzl. Waschungen und Reiben vermittelst eines groben Leinentuchs in warmem Seifenwasser benehmen könnte. Beruht die Krankheitsursache dagegen auf einem innerlichen Leiden, so ist dasselbe wol schwierig aufzufinden und zu heben. Bepinseln mit Aloëtinktur ist vergeblich angewendet worden. Ein solcher Vogel, der erst an einem Fuß, dann am andern, darauf an einem Flügel und schließlich sogar noch an weiteren Körperstellen sich selber benagte und anfraß, wurde zunächst an den btrf. Stellen jedesmal mit verdünnter Jodtinktur, dann am ganzen Körper mit Karbolsäureöl bepinselt, schließlich in einer starken Auflösung von Pottasche abgebadet und dadurch geheilt. Fraglich bleibt es indessen immer, ob der krankhafte Hang bei vorhandner innrer Ursache, wol gar den Folgen der Sepsis, nicht doch stets von neuem zum Ausbruch kommt, dann ist die Salicylsäurekur (s. S. 105) anzuwenden.

Gefiederkrankheiten werden theils durch winzige Schmarotzer, welche sich in der Haut oder in den Federn selbst einnisten, und die sich übertragen, also gleichsam ansteckend wirken, theils durch Vernachlässigung und unreinliche Haltung, theils aber auch durch krankhafte Anlage von innen heraus verursacht. Erstere sind mannigfaltig und können entweder Ausschlag-Erscheinungen (ähnlich wie die Krätze beim Menschen) oder Zerstörung der Feder an sich hervorbringen. Um ihr Vorhandensein festzustellen, bedarf es meistens mikroskopischer Untersuchung; glücklicherweise sind sie dann aber fast sämmtlich verhältnißmäßig leicht zu beseitigen. Federlinge nisten sich im Gefieder ein und beschädigen es, aber nur selten in bedeutsamer Weise; bei sachgemäß verpflegten Vögeln kommen sie überhaupt kaum vor. Beseitigungsmittel: Bepinseln der btrf. Stellen mit Insektenpulvertinktur oder Pernbalsam, darauf Abbaden des Vogels in warmem Seifenwasser

und gelindes Einfetten der Federn mit Olivenöl. — Wenn kahle Stellen sich
bilden, insbesondre an Hinterkopf, Nacken, Schultern, an denen die Haut sich
abschuppt und dicke Schinn= oder gar Schorflager entstehen, während in Wochen
und Monaten keine neuen Federn hervorsprießen, so haben sich auch hier thierische
oder pflanzliche, mikroskopisch=kleine Schmarotzer entwickelt. Als erfolgversprechende
Anordnung kann ich empfehlen: Bepinseln der btrf. Stellen einen Tag um den
andern mit Perubalsam und an den dazwischen liegenden mit verdünntem
Glycerin, während man immer nach drei oder vier Tagen vermittelst eines in
warmes Seifenwasser (am besten von milder Schmierseife, weicher oder Kali=
seife) getauchten weichen Pinsels sorgsam abwäscht und den Vogel darauf für
die nächsten Stunden in höherer Wärme hält. Dies Verfahren wiederholt man
8 bis 14 Tage hindurch. — Sprödes, brüchiges, fehlerhaftes Ge=
fieder bei einem Papagei kann nicht allein gleichfalls in dem Vorhandensein
von Federlingen, sondern auch darin begründet sein, daß, besonders bei Mangel
an Badewasser oder bei irgendwelcher Erkrankung des Vogels, die Federn an
sich krankhaft oder wenigstens nicht mehr ausreichend gefettet sind.

Eine der unheilvollsten Erkrankungen ist das Selbstausrupfen der
Federn. Es macht einen schauderhaften Eindruck, wenn ein solcher gut=
sprechender, förmlich menschenkluger Vogel binnen kürzester Frist splitternackt mit
Ausnahme des Kopfs dasteht und in widerwärtiger Weise jede hervorsprießende
Feder an seinem blutrünstigen Körper sogleich wieder auszupft und gleichsam
als Leckerei verzehrt. Man muß annehmen, daß diese unselige, krankhafte Sucht
in unzweckmäßiger Ernährung, bzl. naturwidriger Verpflegung begründet ist, denn
vorzugsweise solche Vögel fallen ihr anheim. Ob die unmittelbare Ursache aber
in mikroskopischen, im Federschaft hausenden Schmarotzern, wie man vielfach
glaubt, oder in mangelnder Bewegung, also der Unmöglichkeit sich auszu=
lüften und infolgedessen in dem Hautreiz, welchen die Verstopfung der Poren
durch den Federnstaub hervorbringt, oder in Säfteverderbniß und dem durch
diese bewirkten Reiz von innen heraus oder schließlich, wie Manche behaupten,
bloß in übler Angewohnheit, bzl. Langeweile, liege — das ist bis jetzt mit
Sicherheit noch keineswegs festgestellt worden. Vorbeugungsmittel: durchaus
sachgemäße Ernährung, strengste Vermeidung irgendwelcher Leckereien, besonders
aber jeglicher naturwidrigen Nahrungsmittel (Fleisch, Fett, Saucen, Kartoffeln,
Gemüse u. a.); dagegen stete sorgsame Versorgung mit Holz zum Benagen
(s. S. 52), auch mit Kalk und Sand; möglichst fleißige Beschäftigung mit dem
Papagei. Alle versuchten Abhilfemittel: die S. 87 vorgeschriebne Federnkur,
Bepinseln der nackten Stellen mit Aloëtinktur, Aufguß von Tabaks= oder Wall=
nußblättern oder auch mit anderen, bitteren oder ekelhaften Flüssigkeiten, Be=
streichen mit Insektenpulvertinktur, Einstreuen von Insektenpulver, Schwefel=
blumen u. a., und noch mancherlei Andres, sind entweder völlig erfolglos oder doch
nur bedingungsweise erfolgreich gewesen. In Rotterdam legte man jedem Selbst=
rupfer einen blechernen Halskragen um, doch wußte er sich über denselben hin=

aus trotzdem das Gefieder zu vernichten oder zuletzt nagte er sich die Fußzehen an.
Am meisten Aussicht zur Rettung eines werthvollen Vogels bietet folgendes Ver=
fahren: Man bringt ihn in ganz neue Verhältnisse, in einen geräumigen Käfig
zur ausreichenden Bewegung, zum Auslüften des Gefieders und gewährt ihm
zugleich trocknen Sand zum Scharren und bei warmem, trocknem Wetter auch darin zu
paddeln, ferner wendet man die S. 105 beschriebne Federnkur an, versorgt ihn
streng naturgemäß nur mit Mais, Hafer, Hanf, dazu etwas Obst, auch Grün=
futter (ein Salatblatt, etwas Vogelmiere, Doldenriesche oder Resedakraut) und
thierischem Kalk (Sepia= oder gebrannte Austernschale) und beschäftigt sich mög=
lichst viel mit ihm. Herr Prediger Ottermann ließ einen solchen Uebelthäter
hungern, indem er ihm allmählich die Nahrung bis auf den dritten Theil ent=
zog, sodaß er matt wurde. Diese Gewaltkur habe ich in Folgendem abgeändert.
Wenn der Papagei vollbeleibt ist, und nachdem man das vorstehend angegebne Ver=
fahren vergeblich versucht, lasse man ihn einen Tag um den andern oder zwei Tage
in der Woche 24 Stunden hungern, sodaß er während dieser Zeit durchaus nichts
als Trinkwasser erhalte; dies geschehe 2—3 Wochen, vielleicht noch länger, wobei
freilich immer auf seine Körperbeschaffenheit sorgsam zu achten ist. Durch dies
Verfahren sind vortreffliche Erfolge erzielt worden. Einen wirklichen dauernden
Heilerfolg kann man aber nur dadurch erreichen, daß man aufmerksam und mit
vollem Verständniß jeden derartigen Vogel genau kennen zu lernen suche und
ihn seiner Eigenart entsprechend und mit Rücksicht auf die in jedem einzelnen
Fall obwaltenden Verhältnisse behandle. — Neuerdings, im Winter 1895/96,
machte mir ein Papageienliebhaber, der vorläufig nicht genannt sein will, die
Mittheilung von einer seltsamen Kur, durch die er einen sprechenden Papagei,
eine weißstirnige Kuba-Amazone mit rothem Bauchfleck (Psittacus leuco-
cephalus L.), der ein schlimmer Selbstrupfer war, mit bestem Erfolg geheilt
habe. Er schreibt wörtlich: „Mein Mittel besteht aus gewöhnlichem Schweine=
fett mit Schießpulver vermischt. Man nehme auf etwa so viel wie eine Pflaume
groß Fett zweimal soviel Schießpulver, als man zwischen den Fingern halten
kann, mische beides gut mit einander, sodaß es wie eine dunkelgraue Salbe aus=
sieht und reibe damit den Vogel tüchtig ein, besonders an den nackten Stellen,
anfangs täglich, späterhin zweimal die Woche, dann noch seltner. Im ganzen
rieben wir unsern Papagei in drei Wochen zehnmal ein. Dabei wurde er zwei=
mal in der Woche mit lauwarmem Wasser abgespült, abgetrocknet und sofort
wieder eingerieben. Die Salbe ist dem Papagei unschädlich, selbst wenn er sich
durch Beißen von derselben zu befreien sucht. Schon drei Tage nach dem ersten
Gebrauch dieses Mittels ließ das Beißen und Selbstrupfen nach und der ganze
Körper bedeckte sich verhältnißmäßig schnell mit neuen hervorsprießenden Feder=
kielen. In 14 Tagen hatte der Vogel bereits ein neues Gefieder, und dasselbe ist
jetzt schöner als früher jemals.“

Ungeziefer. Wenigstens bedingungsweise ist zu den Krankheiten der Vögel
auch die Plage seitens jener thierischen Schmarotzer, welche man als Ungeziefer

bezeichnet, zu zählen. Milben (Vogelmilben, gewöhnlich, wenn auch nicht zutreffend, Vogelläuse genannt) suchen in mehreren Arten unsere gefiederten Stuben-
genossen heim. Die eigentliche Vogelmilbe (Dermanyssus avium, Dug.) ist
winzig, eiförmig, hinten breit und plattgedrückt, anfangs weiß, dann braunroth
(Mnch. 0,6—0,8 mm, Wbch. 0,8—1 mm), hält sich bei Tag meistens in Ritzen
und Spalten der Käfige, Sitzstangen u. a. oder auch in den Federn des Vogels
versteckt, regungslos, läuft nachts lebendig umher, um dann die Vögel anzugehen
und Blut zu saugen. Auf Grund der Kenntniß dieser Lebensweise sind die
Milben leicht zu besehen. Bei zweckmäßigen Käfigen und Sitzstangen kann Ungeziefer nur im Fall gröblicher Vernachlässigung, bzl. Unreinlichkeit vorhanden
sein; besitzt man indessen noch Käfige von älterer Herstellung oder haben neu-
angekaufte Vögel Ungeziefer eingeschleppt, so sind folgende Rathschläge zu befolgen. Ueberall, wo sich flüssiges oder steifes Fett durch Bepinseln oder Einreiben gebrauchen läßt, werden dadurch die Schmarotzer ertödtet, denn es erstickt
sie. Aber jedes Fett wird bald ranzig, verwandelt sich in übelriechende Masse
oder es trocknet zu einer Schmutzborke ein, über welche die Milben bald ohne
Behinderung fortlaufen; daher ist es nur anzuwenden, wo es durch Waschen mit
heißem Wasser oder Soda- oder Pottaschenlauge leicht wieder entfernt werden
kann. Nach vieljahrelanger Erfahrung habe ich festgestellt, daß einen durchaus
sichern Schutz gegen alles Ungeziefer nur das Insektenpulver gewährt und
zwar gleichviel, als Pulver an sich oder als Tinktur. Das Insektenpulver,
welches von der Insektenpulverpflanze (Pyrethrum roseum s. persicum kau-
kasische Wucherblume, persische Kamille, Flohtödter oder Flohgras) gewonnen
wird, ist bekanntlich ein eigenthümliches Gift für alle Kerbthiere, während es für
Menschen und alle höheren Thiere als unschädlich sich erweist; natürlich muß es
völlig rein und nicht mit fremden, übelwirkenden Stoffen gemischt sein. Hat
man durch Untersuchung mit dem Mikroskop festgestellt, daß ein Papagei an
Milben leidet, so bepinselt man ihm alle nackten Stellen, insbesondre am Hinterkopf, an den Schultern und überall, wo er mit dem Schnabel nicht hingelangen
kann, mit Insektenpulvertinktur, am nächsten Tage mit verdünntem Glycerin,
gewährt ihm an zwei Tagen, wenn es recht warm im Zimmer ist, Badewasser,
schlägt drei bis vier Tage über und beginnt dann dieselbe Kur von neuem. Falls
er freiwillig nicht badet, wird er wie S. 86 bei Gefiederpflege angegeben behandelt.
Meistens ist er dadurch der Milben entledigt und im schlimmsten Fall muß man
das ganze Verfahren wiederholen. Vor allem aber muß, damit die Ungezieferbrut
vonvornherein vertilgt werde, auch Käfig nebst Sitzstangen und sogar der Ort,
an welchem der erstre bisher gestanden, mit heißem Seifenwasser gereinigt, ge-
waschen und abgescheuert und, wenn dies nicht thunlich, die btrf. Stellen entweder vorsichtig eingeölt, darauf abgerieben und mit Insektenpulvertinktur bepinselt oder neu gekalkt, bzl. tapeziert werden. — Federlinge im Gefieder haben
keine Bedeutung. — Bei allem übrigen Ungeziefer: Flöhen, wirklichen Läusen,
Wanzen u. a. sind dieselben Anordnungen auszuführen.

Inbetreff etwaiger Uebertragbarkeit der Vogelkrankheiten auf die Menschen habe ich Folgendes mitzutheilen. Mehrfach ist die Warnung ausgesprochen worden, daß man sich hüten möge, Menschen, insbesondre Kinder, mit kranken Vögeln in Berührung gelangen zu lassen, da eine beiderseitige Ansteckung stattfinden könne. Kürzlich ist sogar in einer Bekanntmachung seitens einer Behörde eine dringende Warnung erlassen, nach welcher es als Thatsache feststehen sollte, daß die Diphteritis des Geflügels für Menschen ansteckend sei. Nach meiner Ueberzeugung, die auf Erfahrung von mehreren Jahrzehnten in der Haltung und Pflege von fremdländischen Vögeln beruht, ist der Uebergang einer Krankheit von Stubenvögeln auf Menschen und auch umgekehrt überhaupt nicht möglich. Allerdings kommen typhusähnliche Erkrankungen bei den Stubenvögeln vor und zwar vorzugsweise bei großen, wie den Graupapageien. Am bekanntesten ist der Hungertyphus (Blutvergiftung oder Sepsis, s. S. 101), aber bei demjenigen, wie auch bei andrer typhöser Erkrankung, findet eine Uebertragung auf den Menschen nicht statt. Im Lauf der Jahre habe ich Hunderte derartig kranker Vögel beherbergt, verpflegt und behandelt, ohne daß ich oder irgend Jemand von den zahlreichen Mitgliedern meines Hausstands jemals angesteckt worden; ebensowenig sind bei den Groß- u. a. Händlern oder deren Geschäftspersonal derartige Erkrankungen aufgetreten. Ich habe vielfach Vögel aus London u. a. bekommen, die unmittelbar aus den schmutzigen Behältern auf dem Schiff in den völlig ungereinigten Versandtkasten gebracht, von schmierigem Koth starrend, bei mir ankamen, ihr auf den Fußboden geschüttetes Futter in den Schmutz getreten und am letzten Tage dann noch zerschrotet hatten, was ihre dreckigen Schnäbel bezeugten, deren Trinkgefäß, anstatt des Wassers mit Schwamm, durchnäßtes und völlig in saure Gährung übergangnes Weizenbrot enthielt. Diese Vögel, große Papageien, waren durch und durch krank, starben unter den Erkrankungszeichen des Faulfiebers und zeigten bei der Eröffnung und Untersuchung typhöse Blutvergiftung in hohem Grade. Trotzdem ist wie gesagt bei uns und in meinem weiten Bekanntenkreise noch niemals eine Krankheitsübertragung durch derartige Vögel vorgekommen.

*   *   *

Uebersicht der Heilmittel, nebst Vorschrift der Mischungsverhältnisse und Gaben. Alle angerathenen Arzneien kauft man in den Apotheken und zumtheil auch in Droguengeschäften. Ich bitte inbetreff derselben Folgendes beachten zu wollen. Der Name an sich bezeichnet nur das Mittel, wie es gefordert werden muß. Näheres über besondere Zubereitungen und die Anwendung ist hier bei den einzelnen Heilmitteln angegeben. — Die subkutanen Einspritzungen müssen vermittelst einer sehr kleinen Glasspritze mit äußerst fein ausgezogner Spitze, am besten am fleischigen Theil der Brust, beigebracht werden. — Inbetreff des Eingebens der Heilmittel muß ich im übrigen noch auf die S. 91 gegebenen Anleitungen hinweisen.

Abbinden von Fleischwucherungen, Warzen, Hauthörnchen u. a. s. S. 114.

Aether, Essig- oder Schwefeläther zum Einathmen, äußerst vorsichtig anzuwenden, einige Tropfen auf Watte geträpfelt vor die Nasenlöcher zu halten.

Alaun, Auflösung in Wasser zum Pinseln 1 : 200—300. — Dämpfe von A.-Auflös., A. 1 : 30 W., durch Eintauchen eines glühenden Drahts Dämpfe zu entwickeln und dem Vogel zum Einathmen vor den Schnabel zu halten.

Aloëtinktur.

Althee s. Eibischwurzel.

Ameisenspiritus.

Antidotum arsenici wie Eisenoxydhydrat anzuwenden.

Arekanuß, fein gepulvert, in Wasser dünn angerührt und so einzugießen, 0,3. 0,5 —1 gr, einmal täglich.

Arnikatinktur-Gemisch, zum Heilen blutrünstiger Stellen, A. 1, Glycerin 5, Wasser 100. — Arnikawasser: A. 1—2 : 100 W.

Arsenik; bekanntes Gift; Auflös. in heißem destillirtem Wasser 1 : 500, 800—1000 zum Einspritzen einmal täglich 0,5 —1 dcgr.

Atropin, schwefelsaures (Gift), Auflös. in dest. Wasser, 1 : 800—1000.

Bäder, Dampf- und warme s. Wasser.

Baldriantinktur (Tinctura valerianae simplex) 1—3 Tropfen auf ein Spitzgläschen Wasser, im Nothfall von der Verdünnung 5—10 Tropfen bis 1 Theelöffel voll einzugießen. — B. ätherische (T. val. aeth.) in gleicher Gabe.

Blaustein s. schwefelsaures Kupferoxyd oder Kupfervitriol.

Blei-Kollodium.

Bleisalbe (giftig).

Bleiwasser (Bleiflüssigkeit, Liquor plumbi, sog. Blei-Extrakt oder Bleiessig) 1 : 50 Wasser (giftig).

Bleiweißsalbe (giftig).

Borsäure, Auflös. in dest. Wasser 1—5 : 100.

Breiumschlag; in Wasser zum dicklichen Brei gekochte Hafergrütze mit Zusatz von etwas Hammeltalg, handwarm zwischen Leinen aufzulegen.

Charpie s. Wundfäden.

Chilisalpeter s. Natron, salpetersaures.

Chinarinde-Aufguß. Ch. 1 : 60—120 siedendes Wasser, davon 1—5 Tropfen bis 1 Theelöffel voll täglich zweimal einzugießen.

Chinawein, 1—5 Tropfen täglich zwei- bis dreimal in Trinkwasser oder auf erweichtem Weizenbrot.

Chinin, schwefelsaures (Chininum sulphuricum), Auflös. in dest. Wasser 1 : 100—300 mit Zusatz von 1 Tropfen reiner Salzsäure, 3—5 Tropfen bis 1 Theelöffel voll dreimal täglich einzugeben; zum Einspritzen dieselbe Auflös., 1—2 dcgr einmal täglich.

Chlorflüssigkeit (Liquor chlori) innerlich, 1, 3—5 Tropfen in Wasser als Gabe dreimal täglich. — Chlorwasser, zum Pinseln: Chlorflüssigkeit 1:100—300 Wasser; zum Einspritzen ebenso verdünnt und 0,₃, 1—2 dcgr täglich. (Giftig beim Einathmen).

Chlorkalk mit Salzsäure übergossen zur Chlorentwicklung beim Desinfiziren. — Chlorkalkwasser (Chlorwasser) zum Abscheuern von Geräthen und Desinfiziren überhaupt: Chlorkalk in Wasser beliebig angerührt.

Chloroform, bestes Betäubungsmittel bei allen Operationen, während alle übrigen derartigen Mittel hier noch nicht durch Erfahrung festgestellt sind. (Gefährlich).

Chlorwasser f. Chlorkalkwasser und Chlorflüssigkeit.

Dampfbad f. Wasser.

Dulkamara=Extrakt, Auflös. in Wasser 1:200—300, täglich zweimal 1—3 Tropfen, ½—1 Theelöffel.

Eibischwurzel=Abkochung f. Schleim.

Eisenchloryd=Flüssigkeit (Liquor ferri sesquichlorati) zum Blutstillen 1:100 Wasser; E.=Kollodium zum Blutstillen E. 1:4—5 Koll. — Eisenoxydhydrat, gallertartiges, 1:100, 300—500 Wasser zerrieben und davon 10—15 Tropfen halbstündlich. — Eisenoxydul, schwefelsaures oder Eisenvitriol (Ferrum sulfuricum dep.), Auflös. in dest. Wasser 1:200, 300, 500—800, als Trinkwasser. — Eisenvitriol f. Eisenoxydul, schwefelsaures.

Essig, selbstverständlich immer bester, stärkster Weinessig, in Verdünnung von 1:5—10 Wasser; 1, 3, 5—10 Tropfen der Mischung einzuflößen; dieselbe Verdünnung äußerlich.

Fett f. Oel mildes; f. Salben.

Gipsbrei, feingepulverter Gips mit kaltem Wasser angerieben und schleunigst aufzutragen.

Glaubersalz, Auflös. in warmem Wasser 0,₂₅, 0,₅₀ gr als Gabe täglich ein- bis zweimal.

Glycerin, verdünnt mit Wasser. Zum Eingeben 1—2:10, dreimal täglich 5 Tropfen bis 1 Theelöffel voll. Zum Pinseln kahler, schinniger Stellen 1:5; zum Bepinseln der Nasenlöcher oder empfindlicher, bzl. entzündeter und wunder Stellen (auch nach Abbaden mit Seifenwasser) 1:10. — G.=Wasser zum Waschen 1—2:20. — G.=Salbe.

Haferschleim f. Schleim.

Heftpflaster.

Höllenstein oder salpetersaures Silberoxyd (Argentum nitricum fusum) Auflös. in dest. Wasser 1:300, 500—800 zum Eingeben 5 Tropfen bis ½

Theelöffel voll dreimal täglich; 1 : 10 zum Pinseln; der Stift an sich schwach angefeuchtet zum Aetzen. (Giftig; Vorsicht bei Berührung, weil die Auflösung und der angefeuchtete Stift Haut, Kleidung u. a. dauernd schwarz färben. Jede H.=Auflösung muß in einem schwarz gefärbten oder mit schwarzem Papier umklebten Gefäß aufbewahrt werden.

Hoffmannstropfen (Spiritus sulphuricus aethereus, Schwefeläther 1 : 3 Alkohol), 1—2 Tropfen in wenig Wasser, zwei= bis dreimal täglich. — Zum Einathmen wie Aether.

Holzessigdämpfe, H. 1 : 50—100 Wasser; wie Alaundämpfe.

Honig, zuverlässig reiner, unverfälschter, am besten daher Scheibenhonig.

Insektenpulver, dalmatinisches, s. S. 122. — Insektenpulvertinktur s. S. 122.

Jod=Tinktur; verdünnt mit Spiritus 1 : 100—200, ein Tropfen mit wenig Wasser einzugießen, zweimal täglich (bei Sepsis); zum Pinseln bei Diphtheritis und gichtischer Gelenkentzündung dieselbe Verdünnung; um Dämpfe zum Einathmen zu entwickeln, verdünnt mit Wasser 1 : 100 und wie Alaundämpfe. (Giftig).

Kaffee=Aufguß, nicht Abkochung, selbstverständlich von reinen, guten Bohnen, ohne Beimischung; 1 Loth auf die Tasse und davon als Gabe 10 Tropfen bis 1 Theelöffel voll täglich etwa zweimal.

Kali, chlorsaures (Kali chloricum), zur Desinfektion, Auflös. in dest. Wasser 3—5 : 100; bei schwerem Luströhrenkatarrh mit Zusatz von Opiumtinktur 1—2 Tropfen auf 60 gr der Auflösung; zum Eingeben 1 : 200 bis 300 täglich dreimal 10 Tropfen bis 1 Theelöffel voll. — Kali, kohlensaures, gereinigtes (Pottasche, Kali carbonicum depur.), Auflös. in Wasser 1—10 : 750; mit Zusatz von Opiumtinktur 1—3. — Pottasche, rohe zum Abscheuern, Auflös. in Wasser 1 : 10. P., rohe zum Abbaden 1 : 15 (Pottaschenlauge). — Kali, salpetersaures, gereinigtes (ger. Salpeter, Kali nitricum dep.) im Trinkwasser 0,01, 0,05,—0,1 gr als dreistündliche Gabe. — Kali, übermangansaures (Kali hypermanganicum) zur Desinfektion, aufgelöst in reinem Wasser, soviel, daß die Flüssigkeit stark kirschroth wird.

Kamphoröl. — Kamphorspiritus.

Karbolsäure=Oel, K. 1—2 : 100 Olivenöl. — K.=Salbe, K. 1 : 10—20 Schmalz. — K.=Wasser zum Anspinseln der Balggeschwüre, Bepinseln oder Besprengen der Schleimhäute 2 : 100—200; zum Bepinseln der Bürzeldrüse 1 : 400—500; zum Desinfiziren, Abscheuern der Käfige u. a. 1 : 10; zum Eingeben 1, 3, 5 : 100 und hiervon 1—2 Tropfen im Theelöffel voll Wasser täglich dreimal als Gabe, zum Einspritzen 1 : 100—300, jedesmal 0,5 1—3 dcgr; zum Bepinseln des Schnabels, Reinigen von Wunden, Geschwüren u. a. 1 : 100—150.

Kochsalz, Auflös. in Wasser zum Nachpinseln bei Anwendung von Höllen
stein, ebenso zum Reinigen der Nasenlöcher 1—3:100; zum Eingeben 0,1
bis 0,25 gr in wenig Trinkwasser.
Kollodium. — K., blutstillendes: K. 4—5:1 Eisenchloryhflüssigkeit. —
Blei=Kollodium.
Kreosot=Dämpfe, K. 1—2:100 Wasser; s. Alaundämpfe.
Kupferoryd, schwefelsaures, Kupfervitriol oder Blaustein (Cuprum
sulphuricum), an sich zum Aetzen, angefeuchtet, anzuwenden. — Kupfer=
vitriol (Cupr. sulph. pur.), Aufl. in best. Wasser 1—3:100 zum Pinseln.
(Alle K.=Salze giftig).

Lakritzensaft, gereinigter in dünnen Stengeln.
Leinöl s. Oel.
Leinsamen=Abkochung und L.=Schleim s. Schleim.
Liniment aus Bleiessig und Baumöl oder Olivenöl 1:1. — L. aus Borsäure
und Arab. Gummi=Schleim 1—5:100. — L. aus Kalkwasser und Leinöl
1:1. — L. aus Karbolsäure mit Arab. Gummischleim 1—2:100.
Löschwasser, aus jeder Schmiede zu erhalten, halbstündlich 1—2 Theelöffel voll.
Löwenzahnkraut=Ertrakt 1:50—100 Trinkwasser.
Lunte zum Blutstillen: saubere zarte Leinwand wird entzündet, unter Luftab=
schluß, sodaß sie nur zu Kohle verglimmt.

Magnesia, gebrannte in einem Mörser oder einer Untertasse schwach an=
gefeuchtet, tüchtig zu reiben und dann allmählich zum ganz dünnen Brei
anzureiben. — M., kohlensaure, ganz ebenso anzuwenden.
Mandelöl s. Oel.
Myrrhentinktur.

Natron, doppeltkohlensaures (Bullrichsalz, Natrum bicarbonicum)
zum Eingeben 0,5—1 gr in wenig Trinkwasser aufgelöst, täglich ein= bis
zweimal. — Zusatz zu Kalmus= oder Pfeffermünz=Aufguß 1:60. — N.,
kohlensaures, rohe Soda (N. carbonicum) zum Abscheuern 1:10
Wasser (Sodalauge). — N., phosphorsaures (N. phosphoricum) im
Trinkwasser 1:100—200. — N., salicylsaures (N. salicylicum), Auf=
lösung in destillirt. Wasser zum Eingeben, 1:100—300, zweimal täglich 10
Tropfen bis 1 Theelöffel voll; zum Einspritzen dieselbe Auflös. 1—2 dcgr
einmal täglich. — N., salpetersaures (Chilisalpeter, N. nitricum
purum) wie N., phosphorsaures. — N., schwefligsaures; unter=
schwefligsaures (N. subsulphurosum), Auflösung in warmem Wasser
0,5—1 gr täglich zweimal.

Oel, mildes, sog. Provencer= oder Olivenöl, bei sehr zarten Vögeln Mandelöl,
bei gröberen auch wol Leinöl; darf nicht ranzig sein; niemals nehme man
ein austrocknendes Oel, wie Mohnöl u. a. Zum Eingeben 10 Tropfen

bis 1 Theelöffel voll. Leinöl ebenso als Wurmmittel, in größter Gabe ½—1 Theelöffel voll, mit 1 Tropfen ätherischem Oel auf 10 Theelöffel voll. — Oelklystir s. Klystir.

Olivenöl s. Oel.

Opiumtinktur 1—5 Tropfen : 30 gr Trinkwasser; bei heftigen Erkrankungen in gleichen Gaben mit wenig Wasser einzuflößen. (Vorsicht!) — Opiumtropfen s. Ruhr S. 99.

Ozon; 5 : 1000 Wasser; solch' Ozonwasser erhält man in der Apotheke; im offnen Gefäß entwickelt sich das Ozon aus dem Wasser zum Einathmen; zum Einspritzen wird das O.=W. verdünnt 1 : 100—200 dest. W., 0,₅—1 dcgr einmal täglich. (Vorsicht!)

Perubalsam.

Phosphorsäure in Wasser 1 : 200, 300—500, 3—5 Tropfen als Gabe zweimal täglich oder 1 Theelöffel voll auf ein Spitzgläschen Trinkwasser. (Vorsicht!)

Pottasche, s. Kali, kohlensaures.

Quecksilberchloryd oder salzsaures Quecksilberoryd; stark ätzendes Gift; Auflös. in heißem dest. Wasser 1 : 500, 800—1000, zum Einspritzen einmal täglich 0,₅—1 dcgr. — Quecksilbersublimat s. Quecksilberchloryd. Quecksilbersalbe.

Rainfarnwurzel wie Arekanuß.

Reiswasser s. Schleim.

Rhabarbertinktur, wäßrige, 1—3 Tropfen auf ein Spitzgläschen voll Trinkwasser; auch wol R. 1 : 2—4 Wasser in 3—5 Tropfen einzuflößen. Ebenso R., weinige oder Rhabarberwein.

Rizinusöl, innerlich; am besten zur Hälfte mit Olivenöl gemischt und wie S. 100 und 101 angerathen einzugeben, 3—5 Tropfen, ½—1 Theelöffel voll, letzte Gabe bei schweren Vergiftungen.

Rosmarinsalbe.

Rothwein; als wirksam erachte ich nur alten, echten, französischen, also Bordeaux=W., während der leichte französische und deutsche oder ungarische R. hier nicht als Heilmittel gelten kann. — R. mit Opiumtinktur: 1—3 Theelöffel R. : 1—3 Tropfen O.

Salben, milde: Glycerin=, sog. Rosen= und Vaselinsalbe.

Salicylsäure=Wasser, Auflös. von S. in heißem W. ohne Spirituszusatz zum Eingeben und Pinseln 1 : 300—500, Gabe, je 'smal erwärmt und umgeschüttelt, davon täglich 30 Tropfen in soviel Trinken, wie er über Tag verbraucht; zum Einspritzen 1 : 500, täglich einmal 0,₅—1 dcgr. — Salicylsäure=Kur s. S. 105. — Salicylsäure=Oel.

Salmiakgeist oder Aetzammoniakflüssigkeit (Liquor Ammonii

caustici) zum Eingeben wie Hoffmannstropfen; zum Einathmen wie Aether. — S.=Mixtur: S. 0,₅ gr, Honig 5 gr, Fenchelwasser 50 gr, täglich mehrmals 3—5 Tropfen bis ½ oder sogar 1 Theelöffel voll als Gabe.

Salpeter, s. Kali, salpetersaures.

Salz s. Kochsalz. — Salze, phosphorsaure s. Natron, phosphorsaures. — Salzsäure, reine (Acidum hydrochloratum purum), 1 Tropfen auf ein großes Weinglas voll Wasser. — S., rohe oder Chlorwasserstoffsäure zur Chlorentwicklung sowie zum Abscheuern von Geräthen u. a., letternfalls mit Wasser verdünnt 1:5. — Salzwasser s. Kochsalz.

Sandbad, warmes, s. S. 100.

Schleim. Eibischwurzel=Abkochung: E. 1:15 Wasser, gelinde gesiedet und dann abgeseiht; besser, wenn die E., in feine Würfel zerschnitten, nur über Nacht in Wasser eingeweicht wird. — S. von Hafergrütze, Leinsamen u. a., erstre sehr dünn abgekocht, vom letzten 1 Theil in 15 Theil kalten Wassers mehrere Stunden eingeweicht, unter zeitweisem Umrühren und dann durch Mull abgeseiht, besser als Abkochung. — Reiswasser; wie gewöhnlich in Wasser abgekochter Reis wird mit einer Kelle fein zerrieben und mit heißem Wasser stark verdünnt, dann nach dem Erkalten abgegossen. NB. Täglich mehrmals erwärmt.

Schlemmkreide darf keinenfalls verunreinigt sein.

Schwefel (Sulphur crudum) in Stangen oder Stücken zum Ausschwefeln (Desinfiziren). — Schwefelfäden ebenso. — Schwefelblumen (Sulphur sublimatum). — Schwefelmilch (Sulphur praecipitatum) mit Wasser 1:200 angerieben, täglich zwei= bis dreimal 3—5 Tropfen, ½—1 Theelöffel voll. — Schwefelsäure (Acidum sulphuricum purum), 1 Tropfen auf ein großes Weinglas voll Trinkwasser. — Schwefel= oder sog. Krätzsalbe (meistens für den Vogel giftig, daher die Füße in Leder einzunähen s. S. 118).

Seifenwasser nicht nur als Reinigungs=, sondern auch als Heilmittel, sollte niemals aus scharfen, auch nicht aus harten Kaliseifen, sondern stets aus der stark glycerinhaltigen Elain= (sog. grünen oder schwarzen S.) hergestellt werden.

Soda s. Natron, kohlensaures.

Stärkemehl, am besten feinste Weizenstärke.

Tannin, Auflösung in Wasser zum Auspinseln der Augenschleimhäute, auch des Rachens 1:100—200; bei schwerem Luftröhrenkatarrh ebenso, mit Zusatz von Opiumtinktur 1—2 Tropfen auf 60 gr der Auflös. — Dämpfe von T.=Auflös. 1:300 und wie Alaun=Dämpfe. — Zum Eingeben 1:100—300 und davon 3—5 Trcpfen, ½—1 Theelöffel täglich zweimal. — Zum Einspritzen wie Salicylsäure.

Theerdämpfe, Holztheer (nur solcher) 1:60 Wasser; s. Alaundämpfe.

Terpentinöl, gereinigtes oder rektifizirtes, innerlich 1—5 Tropfen in Wasser, als Gabe zwei= bis dreimal täglich.

Dr. Karl Ruß, Der Graupapagei. 9

Vaselinesalbe.

Verbandspäne, norwegische.

Wasser, kaltes an sich, ist eins der größten Reizmittel; auch zum Kühlen und
zum Begießen bei Krämpfen muß es daher stubenwarm sein. W., destillir-
tes, wird für alle Auflösungen von Arzneien gebraucht, für manche von
Salzen u. a. ist es unentbehrlich; nur im Nothfall ist es durch Regenwasser,
kaum durch abgekochtes Wasser zu ersetzen. — Dampfbad: Man setzt den
Vogel auf ein mehrfach zusammengelegtes dickes Leinentuch, welches über einen
Topf mit stark handwarmem Wasser gebreitet ist und deckt ihn mit einem
Zipfel lose zu, jedoch so, daß er nicht erstickt. Hier läßt man ihn ½—1
Stunde sitzen, erneuert das warme Wasser mehrmals, wickelt ihn dann in
erwärmte lose Baumwolle, deckt darüber ein Tuch so, daß nur der Kopf frei
bleibt und bringt ihn auf eine warme Stelle, wenn möglich warmen Sand,
bis er völlig abgetrocknet ist. In der warmen Stube setzt man ihn dann in
die Nähe des Ofens. — Lauwarmes Bad 26—28°; warmes Bad 28—30°.

Wasserdämpfe (feuchtwarme Luft): Den kranken Vogel stellt man auf
einen Rohrstuhl und überhängt seinen Käfig nach Entfernung der Schublade
möglichst dicht bis zum Boden herunter mit einem großen Leinentuch. Dann
setzt man eine geräumige Schüssel mit recht warmem Wasser, welches etwa
viertel- bis halbstündlich erneuert werden muß, unter den Stuhl, sodaß der
Wasserdampf den Raum des Käfigs möglichst von allen Seiten durchdringt.
Bei gewissen schweren Erkrankungen löst man bei der jemaligen Erneuerung
des heißen Wassers einen Theelöffel voll guten frischen Holztheer darin auf.
Andere starke Theerdämpfe s. oben.

Wasserglas entnimmt man am besten sogleich aufgelöst.

Watte, blutstillende.

Wundfäden (Charpie), sauberste weiche Leinwand, fein und kurz ausgezupft.
— Wundwatte.

Wurmfarnwurzel wie Arekanuß.

Zinksalbe.

Zinkvitriol, reines (Zincum sulphuricum purum), Auflös. in destillirtem
Wasser 1—3 : 500, zum Pinseln und Umschlag. (Giftig.)

Zitronensaft, bzl. -Säure wie Salzsäure.

Zuckerkand oder Kandiszucker, in reinen weißen Krystallen.